U0046102

生活 ✚ 醫館 137

搞懂**內分泌**
練成你的
易瘦體質

不節食、不斷醣、不生酮，
不吃藥、不需要制式菜單，
打造這輩子都胖不了的瘦身術！

蔡明劼　著

高寶書版集團

教你直面現實、別當食盲！

　　要長期維持健康體重，只能仰賴改變飲食與運動習慣，但「江山易改，本性難移」，要改變一個人數十年的生活習慣，是很不容易的事情。更慘的是，錯誤的減重資訊充斥網路媒體，沒有超強的識讀能力加上一點運氣，很難扎下正確的減重觀念。

　　我是一位愛好健身的復健科醫師，針對健康、減重、運動寫作及錄製影片，也已經有 7 年多的時間，對減重的科學知識與迷思還算略懂（笑）。我強力推薦蔡醫師的這本書，原因如下：

認清事實很痛苦，但很必要

　　99.99% 的肥胖都源自「吃太多」，但這個說法等於把責任放在自己身上，實在不中聽！所以才有各種稀奇古怪瘦不下來的藉口，因此又衍生出各種稀奇古怪、貴又無效的產品與服務。

　　專長內分泌的蔡醫師在書中深入淺出告訴你「內分泌失調」不是瘦不下來的藉口，這夠有說服力了吧？有些話聽來刺耳，但面對問題，才能解決問題。

拯救食盲

　　既然攝取過多熱量是肥胖的主因，那一定要談談如何控制嘴巴。在現代的飲食環境中，價廉、高熱量、美味、又能刺激大腦

愉悦感的垃圾食物垂手可得。這讓肥胖成為了新的「正常」，維持健康、體重和腰圍，反而變成是一件很辛苦的事。

還好，選擇健康食物一點也不難，蔡醫師的書裡明確告訴你哪些食物要多吃，哪些食物別碰。只要在食物上花點心思，不再當個「食盲」，即使每餐吃飽飽也能輕鬆瘦下來。

不藏私

蔡醫師指導過上千人成功減重，已經有專業、經驗、口碑，大可專心經營線上減重社團就好。即使如此，蔡醫師卻願意把他的減重心法寫書公開，讓沒見過面的讀者也可以輕鬆汲取上千人次的成功與失敗經驗，一點也不擔心會因為出書影響減重社團經營，這讓我十分的佩服！

我建議各位讀者將這本書當做是減重觀念的根基，念完了這本書，你會知道減重的關鍵在哪，常見的迷思是哪些，而且更重要的是，往後不會被奇奇怪怪的「減重新知」耍得團團轉。

一分鐘健身教室　史考特醫師

< 推薦序 >

跟上，就能瘦一輩子！

　　蔡醫師其實是我的大學同學，算起來我們也認識將近 20 年了！只不過大學時我們說過的話不超過 3 句，我還常常忘記他的名字怎麼寫。說來有趣，再次和蔡醫師相遇，是 3 年前我開始經營粉專推廣健康飲食，上網搜尋資料時如獲至寶地發現：哇！這位作者文章寫得很好，竟然是我的老同學！

　　至此蔡醫師就被我盯上了，我們的關係變得很微妙。我是他第一期健康瘦身社團的學員，在其中我偷師他如何和網友、酸民互動，觀察他如何整合各種資源，好比心理師、健身教練、營養師來幫助學員。

　　有時候我也會當一個偷懶的學生向他求救發問：「最近很紅的減肥針原理是什麼？你幫我懶人包一下。」、「胰島素阻抗有沒有口語的解釋，你直接講給我聽一下。」甚至想要和蔡醫師進行一場網路上的激辯：「我想一想減肥其實未必需要算熱量吧？！不是啊！你做得不夠重當然不會增肌。」只不過蔡醫師人很好又客氣（還是其實是我太兇？）往往都是委婉地說：「那樣講也是沒錯，不過齁！我覺得……」，或是就是丟我一個「凸」冷處理。

　　更多的時候，我是最囉唆的糾察隊，正義魔人緊迫盯人：「很多女生減肥減過，月經沒來，傷身又傷心。要注意喔，BMI 太低的要好好勸她們，不要虐待自己。」、「我覺得某某社團實在太

惡搞，這樣賣產品操作，根本是在騙錢，你快點出來矯正視聽。」而蔡醫師也總是有耐心的回應我會注意、會小心。

當然常常也有那麼一瞬間，我覺得我根本就是蔡醫師的小編：「現在無麩質竟然被炒作成減肥新方法欸！你可以寫文回應啊！」、「那位藝人這種錯誤鬼扯的減肥法，你快點發文打臉啦！」

有一天我靈機一動：「其實我不用這麼辛苦啊！不如我把我的編輯介紹給你，書快點寫一寫，以後我有得參考，就不用再追殺你了！」就這樣，這本書誕生的機緣就此開始，蔡醫師被我催稿逼迫的過程我就省略一千字，有機會再和大家分享。總之，很開心你們買下了這本書，結合了蔡醫師新陳代謝內分泌科專科的雄厚知識，以及這 3 年來陪著上千名個男女老少減下 4000 公斤的經驗，用蔡式硫酸的直白解說，深入淺出破解各種減肥迷思，讓你想瘦就瘦一輩子。一生最後一次減肥的秘訣，蔡醫師不藏私，都寫在這裡了！烏烏掛保證，你們絕對不會後悔！

禾馨婦產科　烏烏醫師

學會打造自己的減重計畫，一生「瘦」用

　　在蔡醫師的社團擔任營養顧問 2 年多，這段時間看到蔡醫師運用這一整套完整的運動及健康飲食的方法，幫助許多學員成功瘦身脫胎換骨，同時這套方法在過程中也不斷的調整與優化，今年，蔡醫師終於推出這一本總結所有功力的作品，讓搶不到社團門票的朋友，也能透過此書有系統的學習如何養出易瘦體質。

　　不靠藥品或任何保健食品，不需刻意節食或斷食，不靠挨餓，三餐吃飽也可以健康瘦身，聚焦在「改變生活型態」，才能讓你不只是瘦一陣子，而是一生「瘦」用。網路減重瘦身資訊非常多，但並不一定真的有幫助，不要再相信喝水都會胖這句話啦！一切都是事出有因，一定是有某個環節的疏漏，我相信這本書可以幫助大家釐清減重迷思，循序漸進找出那個真正疏忽的點，過濾掉那些花時間看卻不一定有用的網路資訊，專注執行真正該調整的細節。

　　蔡醫師線上減重社團有許多減重課程我都很喜歡，舉例來說，也就是在這本書中的「減肥？先檢視自己是哪一個類型」的章節，將 BMI 超標、泡芙人、追求極致體態的三種族群，分別給予不同的減重建議。再舉一個例子，很多人減重都會分享減醣飲食，但為什麼有的人減醣飲食會瘦，有的人不會，因為不是靠感覺執行

減醣飲食，而是需要了解富含醣類的食物有哪些、如何做飲食紀錄、每天該攝取的比例是多少，透過這些細節才能一步步建構屬於自己的減重計畫。

　　魔鬼藏在細節裡，這就是我前面提到應該專注執行真正該調整的細節，才不會覺得花費許多力氣，總是回到原點，徒勞無功，久了就不了了之。

　　如果您需要一本完整的減肥攻略，我會毫不猶豫地大力推薦這本書！

新竹東元綜合醫院　葉若懿營養師

自 序

　　終於輪到我出書的這一天了，感覺有點不真實。朋友都跟我開玩笑說：早就應該要出書了，怎麼拖這麼久？我也沒辦法，每天除了工作和家庭之外，我還必須兼顧線上瘦身社團呀，真的很忙耶！（好吧，我承認有空的時候也都在滑手機，沒有認真寫稿子。）

　　而我寫這本書的構想，就是要把我線上社團那一套課程搬過來，讓沒有機會參加社團的讀者，也可以透過看書自學，一步一步的健康瘦身。我這個人很簡單：書上寫的、平常講的、自己做的，以及社團教的，觀念完全一致，不會有說一套做一套的問題。買了這本書的讀者就好比帶著蔡醫師在身邊，陪你一起健康過生活。

　　於是就有人替我擔心：會不會大家看完書就不來參加社團了呢？其實這方面我一點都不擔心。首先，大家看書就能瘦，表示我內容寫得很好，這是一種肯定呀。第二，書本可以觸及不同族群、幫助更多人瘦身，這點我非常樂意。第三，我的社團很熱門、名額又少，大家想報名也進不來啦哈哈。

　　至於我為什麼會寫這麼多衛教文章？我的起心動念絕對是「幫助三高患者減肥」，但背後還有一句潛台詞：「為什麼病人都講不聽！」因此我決定用文章的形式讓大家自己慢慢讀，省得

我每天重複講相同的事情。也為了釋放平常累積的負能量，我的文章風格往往偏向諷刺、挖苦，一段時間下來居然也培養出一群忠實粉絲，還被取了「減重界的硫酸天王」這個封號，真是再貼切不過了。

　　要當一個不開藥、不賣保健品、只靠改變生活型態來幫人瘦身的「另類減重醫師」，剛開始也並非那麼容易，難免有讓我感到挫折與失望的時候。畢竟需要腳踏實地執行的減肥方式遠不及那些花俏減肥手段吸引人。我要感謝一路陪伴我的眾多粉絲以及社團學員，有你們的肯定，才能讓我的粉專以及社團日漸茁壯。感謝家人給我的支持，做我最堅強的後盾。感謝出版社的同仁督促並協助我把書編寫出來（否則還不知道要拖到何年何月），讓我成功立下出書的這個里程碑。

　　也感謝讀者買了這本書，讓我帶著你用不同於以往的方式，一起健康瘦身！

蔡明劼 醫師

Contents

PART 1
內分泌的真相：觀念篇

PART 2
瘦是吃出來的：飲食篇

Contents

PART 5
減肥沒有奇蹟，只有日常：案例篇

前　言

　　內分泌？新陳代謝？對你來説是否好像既孰悉又陌生的名詞。因為對內分泌的不了解，想減肥的人特別容易被廣告以及流行飲食法牽著鼻子走。買這個可以增強新陳代謝？買！吃那個可以改善內分泌失調？吃！兜了一大圈，最後既沒有獲得健康、也沒有改變身材。

　　其實對一位「內分泌新陳代謝專科醫師」來説，內分泌和新陳代謝是自然而然、每天都在發生的一種規律罷了，而現代人不健康的生活型態破壞了身體的平衡，導致疾病叢生、體重失控。

　　因此，想要身體健康或者終結肥胖，就應該要回到源頭：了解內分泌和新陳代謝，並且重新建立良好的生活型態，找回身體的平衡。至於內分泌失調的真相是什麼、怎樣用飲食和運動來掌控代謝，包括理論面與執行面，這本書的內容中將會有你要的答案。

　　我個人也曾經有體重困擾。雖然從小體型偏向瘦弱，可以説是「不知胖為何物」，但是好景不常，大學進入中後期的我愈來愈忙碌於課業，每逢考試、壓力大時就容易亂吃東西，作息時間變得混亂，也很難有固定的時間運動，於是體重便以每年1公斤

的速度悄悄爬升。住院醫師階段的我每天都是超時工作、每個月又有好幾天值班，像是在燃燒自己生命來照亮病人。三餐都是吃便當或便利商店解決，每天還不忘來一杯手搖飲料提振精神，不胖也難。

於是在飲食習慣不佳以及缺乏運動的雙重打擊之下，身高163公分的我體重步步高升，達到68公斤的生涯顛峰，但體力卻逐漸下滑，常常感到疲累。同一時期，健康檢查報告中的總膽固醇與低密度膽固醇居然也出現示紅字超標！我終於下定決心，不能再對日益嚴重的健康問題視而不見。

後來我利用自身專長發展出一套完整的飲食和運動體系，並且花了半年的時間成功減重10公斤，找回了自己的理想身材和健康。

這是一個資訊爆炸的時代，其實所有的減肥方式都能在網路上找到，但我們常常搞不清楚哪些是對、哪些是錯。要不然瘦身的方法千百種，為什麼你總是選到最痛苦、又最沒效的那一個？而減肥成功的人那麼多，為什麼你老是減不下來，或者減下來之後又加倍胖回去？

首先，你欠缺一個專業人士幫忙過濾資訊：破解誇大不實的迷思、排除對身體有害的減肥法，只留給你有科學根據、又能夠實際運用的方式。

其次，即便擁有正確的減肥知識也往往不知從何做起。這本書可一步一步指引你，不需要吃減肥藥、不必買瘦身產品，只要在對的時間做對的事情你就可以瘦下來。

　　再者，曾經有減重經驗的我，非常了解在減重這段期間會遭遇的各種痛點和難題。以前你遇到問題可能會求助無門，而現在，你將可以在書中找到答案。而透過我的團隊成功瘦身的精采案例，也會在書中跟大家分享。

　　瘦下來一點都不難，我憑藉這一套知識體系所開立的線上瘦身課程，僅僅在不到 3 年的時間裡，已經指導超過上千人次的學員，減下的體重超過 4000 公斤。

　　現在你只要放寬心、按部就班學習，走上健康瘦身的道路，這將是你人生中的最後一次減肥。

PART

1

內分泌的真相：觀念篇

變胖，真的是內分泌「失調」惹的禍？

「醫生，我都沒什麼吃也一直胖，是不是內分泌失調？」
「醫生，我最近長好多痘痘，是不是內分泌失調？」
「醫生……」
（以下省略五百句）

身為內分泌新陳代謝專科醫師，在門診時常會遇到病患來看「內分泌失調」也是很合理的。但究竟什麼是內分泌失調？內分泌失調真的會導致肥胖、冒痘痘嗎？

先警告一下，這不是一篇勵志的心靈雞湯。想了解「內分泌失調」的真相，可能會在本文內容中看到很多戳破謊言、讓你飽受重擊的心靈硫酸，所以玻璃心的人最好別看喔！

內分泌系統傻傻搞不清？

很多人可能嘴巴上天天說著「內分泌失調」，卻連什麼是「內分泌」都搞不清楚，所以在正式開始討論之前，先解釋一下什麼是內分泌。

西醫所指的「內分泌系統」，是由下視丘、腦垂腺、甲狀腺、

副甲狀腺、腎上腺、胰臟、性腺（卵巢、睪丸）等各個內分泌腺所組成。廣義來看，胃腸黏膜、甚至脂肪細胞也有分泌荷爾蒙的功能，都可以算在內分泌系統之中。

內分泌系統的工作方式就是分泌「荷爾蒙」（Hormone，亦可翻譯為「激素」）至血液循環中，並送到身體各部位去產生作用。比如甲狀腺分泌甲狀腺素，胰臟的胰島細胞分泌胰島素（你沒看錯，胰島素也是一種荷爾蒙），卵巢分泌雌激素，睪丸分泌雄性素，腎上腺皮質則會分泌皮質醇、醛固酮以及少量雄性素……，其他內分泌腺族繁不及備載。而腦垂腺就像一位總經理，除了自己會分泌荷爾蒙之外，還要負責調控各個內分泌腺的功能，讓體內的荷爾蒙達到平衡狀態。

拿開車做比喻，車速如果太快，我們的大腦就會命令腳踩剎車，把車速放慢一點；車速如果太慢，大腦就命令腳踩油門加速一點，目標是達到一個安全又舒適的駕駛速度。

以人體的狀況為例，血糖太高的時候胰臟就分泌胰島素來降血糖，血糖太低的時候胰臟就分泌升糖素來提升血糖，這叫做拮抗作用（Antagonism）。再舉另一個例子，甲狀腺功能過高的時候，下視丘和腦垂體會命令甲狀腺減少工作；反之，甲狀腺素不足的時候，下視丘和腦垂體會命令甲狀腺增加工作，這叫做負回饋作用（Negative feedback）。

以上所述，內分泌系統透過荷爾蒙發揮的作用，聽起來很複雜，但其實目標很簡單，就是調節人體來達到安全又舒適的狀態，說起來跟開車其實是差不多的。

是疾病還是失調？

從上述我們會知道，荷爾蒙影響的範圍非常廣，從頭到腳：不論呼吸、心跳、肝腎、腦神經、心血管、腸胃消化系統、生殖系統等等等，乃至毛髮皮膚、肌肉骨骼，都受到荷爾蒙的調控。人體的荷爾蒙環環相扣、互相調節，才能夠維持人體的恆定。反之，如果內分泌系統出現差錯，疾病就有可能伴隨而生。

但其實我一直不知道所謂「內分泌失調」這個名詞是哪裡來的，如果有人知道發明者是誰，麻煩告訴我一聲，我一定會好好教訓他……喔不對，是好好向他請教請教。（註：有人說內分泌失調是中醫的講法，這點我向中醫師朋友求證過了：答案是中醫根本沒有「內分泌」這個詞！所以絕對不是中醫發明的，算是還給他們一個清白。）

思考這個問題時，我想到在醫學的領域我們主要是討論各種疾病（disease）或疾患（disorder），會不會是有些人把「疾患」翻譯成「失調」了呢？這大概是唯一說得通的解釋了吧？

不過我還是要吐槽一下，內分泌「疾病」在醫學上是有嚴謹定義的，比如糖尿病、甲狀腺疾病、腦垂體疾病等，都有明確的診斷標準。偏偏有些人會把各式各樣找不出確切原因的病症，比如變胖、長痘等，通通歸咎於內分泌「失調」，我就覺得想像力有點太豐富了，說穿了很像在幫自己的問題找藉口開脫的感覺。

舉個不好聽的例子：你在路上看到一隻狗好胖，你會說「哇！牠一定是吃太多了」；但是你看到自己很胖，為什麼卻說「我都

沒什麼吃也會胖，一定是內分泌失調」呢？旁觀者清，當局者迷，大概就是這麼回事了。

確實，有些症狀的確跟荷爾蒙有關，但是原因比較複雜、牽涉到多種荷爾蒙，但是這些荷爾蒙不容易檢測（技術困難或者成本太高），或者檢測出來之後我們也沒有辦法改變它，那檢測就幾乎是毫無意義的。比如長痘痘的問題，試想一下你去看皮膚科的場景，醫師會讓你擦藥、吃藥、打雷射或各種針對皮膚的保養方式，但應該沒有皮膚科醫師會跟你說「我們來檢查內分泌失調」，對吧？

而且，如果跟荷爾蒙相關的疾病都叫做失調，那便秘或烙賽都可以算做內分泌失調，因為腸胃蠕動也會受到荷爾蒙調控呀！

總之，回到問題上，大家認為會導致變胖的甲狀腺低下、多囊性卵巢症候群等等（在後面的篇章我們會好好來討論），因為它們有明確的診斷標準，所以你直接稱之為「疾病」就好了。有疾病就好好治療疾病，不需要用「失調」這種說法來模糊焦點（除非像前面所述：你是把失調當做疾病、疾患的俗稱，那我勉強可以接受）。畢竟內分泌系統影響到的範圍實在太廣，如果硬要把任何雜七雜八的問題都稱為內分泌失調，那就真的是搞不清楚狀況又徒增困擾了。

作息不正常和壓力真的會讓人變胖嗎？

常聽到有人說「我是因為作息不正常才胖的」或者「我是壓力肥」。那麼，到底作息跟壓力會不會讓人變胖呢？其實有一件事情很清楚：不管你的日夜顛倒還是壓力多大，只要把嘴巴貼起來一樣會瘦！因為熱量是不可能「無中生有」的，變胖的唯一途徑就是從你的嘴巴吃進去。

好啦，硫酸潑夠了。話說回來，壓力和作息不正常的確是對內分泌有一些不良影響的。因為人體的內分泌系統有節律性，醒著的時候（如腎上腺素、皮質醇）跟睡眠的時候（如褪黑激素、生長激素）有不同的荷爾蒙分泌。該睡的時候熬夜不睡，或者睡前拚命滑手機，都有可能打亂我們的荷爾蒙，也讓身體不容易自我調節修復。

上夜班的朋友應該都有經驗，一段時間規律進行夜班的話可能還好，而日班夜班交替進行的時候最容易引起內分泌紊亂。雖然不一定會產生疾病，但體力不濟、胃口不佳、心情鬱悶等等都是常見的症狀。

壓力對內分泌的影響很有趣，短期的壓力可能讓人胃口變差、吃不下東西而變瘦（雖然也有人會暴吃東西來紓壓，那另當別論）；長期處在壓力的環境下則可能導致「皮質醇」分泌過度，皮質醇俗稱「壓力荷爾蒙」，容易造成肌肉分解和脂肪囤積，想減肥也不容易成功。對了，作息不正常也算是一種壓

力來源喔，而且作息不正常、睡眠不足的情況下又特別讓人想亂吃東西，也是加劇肥胖的原因之一。

　　壓力大這個問題該如何破解？其實紓解壓力最好的方式不外乎「睡眠」和「運動」，而運動也不要操過頭，畢竟運動過度反而會對身體造成壓力。此外我要給大家一個建議：不要用「吃」來紓壓！亂吃東西一時爽，等到變胖或身體出現問題的時候，只會讓自己的身心壓力更加巨大，陷入惡性循環。

　　回到開頭的問題，壓力跟作息不正常會不會讓人胖呢？蔡醫師的看法是：可能會，但不是主因。「飲食佔七成」才是決定你胖瘦的鐵律，運動估計佔兩到三成，壓力佔的比例應該是一成不到。所以對一些健身族群來說，睡眠充足是非常重要的課題，在飲食跟運動都達標的情況下，睡眠充足便成為打造完美身材的最後一哩路。但如果你根本就是個食盲，那麼就算讓你每天睡飽又沒壓力，也只能繼續當個快樂的胖子罷了。

掌控胖瘦的 7 種荷爾蒙

看完前面對內分泌系統的介紹之後，應該理解內分泌系統影響的範圍極大，和我們全身的運作息息相關。這邊我們就先把範圍縮小一點，聚焦在大家最在意的、與肥胖相關的幾種荷爾蒙。如果你覺得自己變胖都是因為所謂的「內分泌失調」，那你更應該仔細閱讀這篇文章，看完之後你起碼可以安心地（？）當個胖子，不要再怨天尤人了。

1、飢餓素（Ghrelin）

飢餓素是一種主要由胃底部黏膜細胞分泌的荷爾蒙，另外也有少部分由胎盤、胰臟、小腸所分泌。飢餓素會作用於大腦的下視丘，刺激食慾，讓大腦知道該要進食了。正常人的飢餓素在餐前最高，餐後則會下降，但是胖子的飢餓素在餐後可能只有微幅減少，所以更容易吃不飽、過量進食。

所以，你一定會問，如果我們研發出一個藥物來對付飢餓素，那我們就不會感到飢餓、不會亂吃東西了對不對？理論上是這樣沒錯，只可惜目前還沒有這種藥物的出現。不想修正飲食方式、只想靠藥物瘦身的人，就請你慢慢等吧哈哈哈！

2、神經肽 Y（Neuropeptide Y，NPY）

神經肽 Y 是大腦下視丘所分泌的荷爾蒙，它會增加飢餓感、刺激食慾。前述飢餓素（Ghrelin）就是會作用於下視丘，使其分泌神經肽 Y，進而達到增加進食的效果。那我們有辦法對付它嗎？目前有一種叫做 GLP-1 受體促效劑的藥物，被認為可以抑制神經肽 Y，是相當受期待的減肥藥物，這點我們接下來會討論。

3、瘦素（Leptin）

瘦素主要是由脂肪細胞分泌，少部分由胎盤和胃上皮細胞所分泌。瘦素可以藉由抑制神經肽 Y 的合成，從而達到抑制食慾的效果。另一方面瘦素還可以促進新陳代謝、增加脂肪的燃燒。研究發現吃飽之後瘦素的分泌會增加，避免過度進食，但是長時間禁食會導致瘦素的分泌減少。由此可知「飢餓減肥法」違反生理機制，不是能夠長期維持的減肥方式。

既然瘦素這麼好棒棒，那我們把它做成藥劑、用來治療肥胖不就行了？不要太天真，其實胖子體內的瘦素濃度可能是瘦子的好幾倍，但是研究發現：胖子的身體已經對瘦素產生「阻抗性」，即使瘦素再多也起不了作用！

4、多肽 YY（Peptide YY，PYY）

多肽 YY 是由小腸及大腸所分泌的荷爾蒙，它能降低食慾，促使我們停止進食。研究發現攝取纖維素，比如蔬菜、水果、全穀類等等，能使多肽 YY 的分泌增加，此外攝取蛋白質也對於多肽 YY 的分泌有幫助。

研究也發現，胖子體內的多肽 YY 濃度比瘦子低。如果將多肽 YY 注射到受試者體內，的確可以抑制食慾，減少高達 30% 的卡路里攝取量！那麼多肽 YY 有可能成為未來減肥界的明日之星嗎？我也不知道，我只知道目前還沒有商業化生產的多肽 YY 可以使用，老話一句：你慢慢等吧！

5、生長激素（Growth hormone，GH）

　　講到生長激素，大家應該直覺聯想到「小孩長高很需要它」。沒錯，不過其實生長激素在減肥方面也佔有一席之地喔！對於成年人來說，生長激素雖然不會讓我們長高，但是它可以刺激肌肉成長、促進脂肪分解，換句話說就是我們最想要的「增肌減脂」啦！目前已知充足的睡眠以及適度的運動，都可以幫助生長激素自然分泌。

　　另外，告訴大家一個好消息，現在市面上已經有數個廠牌的生長激素製劑可供使用。但是也有個壞消息，生長激素的價錢貴到會讓你脫褲（動輒數十萬台幣），目前主要是用在治療生長遲緩的兒童、或者被少數的運動員拿來當作禁藥施打。如果你想為了減肥而使用生長激素，我建議你還是學習其他的減肥方式比較划算。

6、胰島素（Insulin）

　　對，就是那個用來治療糖尿病的胰島素。其實正常人的體內都有胰島素，當飯後血糖上升時，身體就會分泌胰島素來穩定血糖。但你有沒有想過這些血糖都跑到哪裡去了呢？如果你總是攝

取過多的糖分和精緻澱粉，那這些血糖就會在胰島素的幫助之下被用來合成脂肪、囤積在身體裡（形成脂肪肝或者你肚子上的三層肉等等），這就是廣為人知的「肥胖胰島素假說」。

反之，如果我們盡量避免血糖的起伏，就不會引起胰島素大量分泌，理論上就能減少脂肪形成。所謂的「低 GI 減肥法」（低升糖指數減肥法），其核心原理就是避免血糖起伏、降低胰島素的分泌，進而達到減少脂肪囤積的效果。

但真的有這麼簡單嗎？下一篇我們會花些時間來好好說明這個在減肥時大家最耳熟能詳卻又困惑的荷爾蒙。

7、升糖素類似胜肽（Glucagon-like peptide-1，GLP-1）

GLP-1 是一種從小腸末段的 L 細胞所分泌的荷爾蒙，它一方面能刺激胰臟 β 細胞、增加胰島素的分泌，同時又能抑制胰臟 α 細胞、進而減少升糖素的分泌，這兩個效果加總起來，能夠很有效的控制血糖。

但不像胰島素那樣被視為脂肪囤積的幫兇，研究發現 GLP-1 有延緩胃部排空、抑制食慾、增加飽足感的效果，可以藉此達到減重的目的。前面提到可用來減肥的 GLP-1 受體促效劑，其中的一款 Liraglutide（利拉魯肽）已經在美國和台灣都取得藥證，是合法的減肥藥物。當然藥物的價格不便宜，而且多少都有一些副作用，相關資訊我們會在後續談到減肥藥的篇章裡面詳述。

正確習慣，讓身體荷爾蒙自然運作

了解這 7 種荷爾蒙，你有什麼感想呢？事實上與胖瘦相關的荷爾蒙豈止這 7 種，人體的內分泌系統錯綜複雜，而且環環相扣、牽一髮而動全身，如果你堅持認為自己會變胖是「內分泌失調」，只要找出一項異常的荷爾蒙，然後針對它進行治療，你就會像氣球消風似的瘦下來，那你此生應該是減肥無望了！

其實先看清楚現實就會理解，內分泌出問題往往是你變胖之後的結果，而不是害你變胖的原因。

舉前面的例子來說，胖子的身體裡並不缺乏瘦素，而且瘦素的濃度比瘦子更高，但是胖子在把自己吃胖的過程中身體逐漸對對瘦素產生「阻抗性」，所以即使瘦素濃度再高也起不了作用。

再進一步舉例：生長激素跟多肽 YY 都對減肥有幫助，那胖子就只能施打生長激素或者坐等多肽 YY 做成藥物上市之後才能減肥嗎？請早點覺悟吧！如果平常多攝取纖維素、吃優良的蛋白質，配合充足的睡眠、適度的運動，你的身體本身就會分泌生長激素跟多肽 YY，你自然就能瘦下來了。與其想像著未來有一天能用神奇的荷爾蒙藥物來減肥，還不如現在開始好好調整飲食、加強運動，瘦下來之後你根本就不會在意什麼失調不失調了。

肥胖的胰島素假說是真的嗎？

　　關於胰島素阻抗與肥胖的關係有太多網路文章在流傳，難免會有一些語焉不詳、甚至錯誤的資訊，在本篇中蔡醫師將會詳細解說，帶大家好好認識胰島素以及胰島素阻抗。

胰島素阻抗與糖尿病

　　如果要討論胰島素的影響，那麼「胰島素阻抗」必定是一個躲不開的話題。

　　什麼是「胰島素阻抗」？用一句話來解釋就是：「細胞對正常濃度的胰島素反應不佳。」

　　不過，這句話有解釋等於沒解釋，讓我用一些具體的比喻來幫助大家理解：假設人體的細胞是一間房子，胰島素受體是房子的門，那麼胰島素就是用來開門的鑰匙。正常情況下，鑰匙可以順利把門打開，讓葡萄糖進入房子，也就是進入細胞並加以利用。

　　但是在「胰島素阻抗」的情況下，就好像房子的門壞掉了，所以儘管有鑰匙也沒辦法把門打開（或者很難打開）。換成人體的情況就是「細胞對正常濃度的胰島素反應不佳」，這樣是不是比較能看懂了呢？

◆ 圖解胰島素阻抗 ◆

鑰匙＝胰島素

門＝胰島素受體

葡萄糖

房子＝細胞

胰島素作用：
鑰匙開門，
葡萄糖進入房子

胰島素阻抗：
門鎖壞了，
有鑰匙也打不開

有了胰島素阻抗，接下來就會出現兩條支線劇情：

1、葡萄糖沒辦法進入細胞，只好在血液裡面到處遊蕩，這時候抽血檢驗或使用血糖機檢測就會發現血糖偏高，若血糖超過一定標準，基本上就可以確診糖尿病了。

2、我們的胰臟也是很忠心護主的，為了不讓血糖超標（也為了讓細胞有能量可用），胰臟會盡全力分泌大量的胰島素來讓血糖進入細胞。這就是高胰島素血症（Hyperinsulinemia）的由來，探究其原因其實還是胰島素阻抗。

要注意 1 跟 2 這兩件事情並不是獨立運作，而是同時進行的。體內血糖愈高的時候，會刺激胰臟分泌更多胰島素來穩定血糖，而當你嘴巴吃進東西（主要是碳水化合物）的時候，血糖又會再一次升高，然後又會刺激胰臟分泌更多胰島素，如此不斷地惡性循環。惡性循環到什麼時候呢？到你的胰島素再也不夠用為止，也就是你的胰臟因為過勞而罷工啦！根據研究，當一個人因為血糖超標而確診糖尿病的時候，胰臟機能只剩下正常人的 50% 不到了。

胰島素阻抗顯然不是件好事，但它是怎麼產生的呢？關於胰島素阻抗的成因，目前學界主流的解釋叫做 Lipid induced insulin resistance，翻譯成中文應該是「**脂質誘發的胰島素阻抗**」。簡單解釋是這樣的：細胞內的脂質代謝物（DAG，二酸甘油酯）堆積，會啟動細胞內的連鎖反應，導致胰島素受器變得不敏感、葡萄糖不易進入細胞。

複習一下我們在前面講的比喻：假設人體裡的細胞是一間房

子，房子上面的門是胰島素受體，那麼胰島素就是用來開門的鑰匙。正常的情況下，鑰匙可以順利把門打開，讓葡萄糖進入房子，也就是進入細胞並加以利用。

那如果把「脂質誘發的胰島素阻抗」帶入這個比喻，就變成：現在你家房子裡堆滿了太多脂質代謝物（DAG），多到把門給堵住了！所以就算有鑰匙也打不開門，所以葡萄糖都沒辦法進到房子裡面。

好，那我們再往前回推一步，你家房子裡是怎麼堆滿 DAG 的呢？這個又要分成先天跟後天兩個層面來討論。先天就是指你的基因，通常都跟遺傳有關，比如糖尿病患者的後代，其細胞內負責代謝脂質的「粒線體」天生功能就比較弱，沒辦法把脂質全部解決掉，就有可能造成 DAG 堆積特別多。另一方面，老化也會使粒線體的功能衰退。

後天層面呢？還不就是嘴巴吃進去的！自己攝取了過多的熱量，堆積了大量脂肪，於是脂肪酸湧入細胞、多到你的粒線體都來不及應付，最後的結果當然是 DAG 堆積，然後誘發胰島素阻抗。

這時候可能就有人要喊冤了，「我一定是因為先天基因不好，才會脂質都代謝不掉！」（一邊摸著肚子上的游泳圈）。我必須說，別自欺欺人了！如果你真的因為天生粒線體功能不良，那你應該在還沒發胖之前就有很強的胰島素阻抗或者罹患糖尿病。確實臨床上有一群不胖的糖尿病患者，但畢竟是佔少數，而大多數罹患第二型糖尿病的人都是後天造成的：每天開開心心的當食盲、把自己吃胖，於是過多的脂肪導致日漸嚴重的胰島素阻抗，然後演變成糖尿病。

才不是胰島素的錯！！

　　了解胰島素和胰島素阻抗的運作跟原因之後，我們談回「肥胖的胰島素假說」，複習一下這個理論是這樣子的：胰島素是一個「肥胖荷爾蒙」，因為它會促進脂肪的合成，所以我們的飲食中盡量不要吃碳水化合物，只要避免讓血糖上升，就能避免胰島素分泌，也就能進一步避免脂肪囤積。

　　這是一個很直觀的假說，也很受到普羅大眾的歡迎，基本上「減醣飲食」就是一個將胰島素假說奉為圭臬的飲食法。其中比較偏激的派門「極低碳水化合物飲食法」（包括生酮飲食），甚至會把胰島素說成好像十惡不赦的壞東西，恨不得除之而後快。

　　先插播一下，我個人反對過於激烈的極低碳水化合物飲食法，但我是認同適度減醣的。我本身也是一個適度減醣的奉行者（醣類佔我的飲食總熱量大約 40%，這點會在後面的章節討論），其實平常只要不喝含糖飲料、少吃精緻澱粉，就可以初步達到減醣的要求了，這並不困難。

　　回到主題，胰島素假說確實能解釋肥胖問題的一部分，但不是全部。上述提到，在胰島素阻抗的情況下，胰臟會盡全力分泌大量的胰島素來穩定血糖，這就是高胰島素血症。**所以胰島素過高本身並不是問題的根源，而是一個結果。**因此如果想從根本解決問題，我們應該設法改善它的源頭：「胰島素阻抗」，而不是僅僅設法消滅末端的胰島素。

　　即使胰島素被講得很恐怖（胰島素本人表示無辜），但我們靜下心來想一想，人體可以沒有胰島素嗎？答案是不行的，人沒

有胰島素則不能存活。例如第一型糖尿病患者自身缺乏胰島素，發病之後若沒有按時施打胰島素就會發生酮酸中毒，嚴重時會昏迷送醫、有生命危險。第二型糖尿病患者雖然平常胰島素充足，但是在病情惡化（久病、控制不佳、發燒等）情況下也可能會使胰島素相對缺乏，進而發生酮酸中毒。

且另一方面，不吃碳水化合物就能避免胰島素分泌嗎？事實上吃蛋白質或油脂也會使身體分泌胰島素，只是分泌量多寡的差別而已，所以即使進行極低碳水化合物飲食，還是無法完全避免胰島素分泌的。那些宣稱不吃碳水化合物就不會分泌胰島素的說法，在理論基礎上大有問題。

再舉一個例子，絕大多數的健身運動員，包括健力、健美選手，都會攝取碳水化合物，因為在肌力訓練後不光要補充蛋白質，也要攝取適量碳水化合物來刺激胰島素分泌，進一步幫助肌肉合成。假如沒有胰島素的作用，是很難練出「大肌肌」的。

綜上所述，胰島素本來就不是壞東西，而且還在人體內扮演至關重要的角色。

自 1922 年胰島素被班廷醫師（Dr. Banting）發現並旋即獲得諾貝爾獎的肯定，至今將近一百年的歷史，胰島素對人類來說一直是救命的良藥，而不是毒蛇猛獸。至於胰島素的發現又是另一個精采故事了，今天暫且不填這個坑。

打破胰島素阻抗的魔咒

那麼問題來了，既然根源是出在「胰島素阻抗」，那要怎樣

打敗這個大魔王呢？很簡單，既然胰島素阻抗的成因是「細胞內過多的脂質代謝物堆積」所造成，講白一點後天的成因就是自己吃進太多熱量、太胖所造成的啦。

所以原則上任何能夠控制熱量、幫助減肥的方式，就有機會改善胰島素阻抗。因此你要執行減醣飲食也好、水煮餐也行、即使是生酮飲食也罷（不是說生酮不能減肥，只是生酮的風險大過於它的好處，所以我個人不推薦），雖然做法不同，但目的都一樣：製造熱量赤字 → 達到減肥的效果 → 改善胰島素阻抗 → 改善高胰島素血症。此外，運動當然也是改善胰島素阻抗的方法之一。

總結來說，「肥胖的胰島素假說」只能解釋肥胖問題的一部分，而不是全部。胰島素本身並不是問題的根源，而是胰島素阻抗的結果。無論用什麼飲食法，只要製造熱量赤字、達到減肥的效果，就能夠改善胰島素阻抗，進而改善高胰島素血症，並非一定要靠極低碳水化合物飲食才能做到。

內分泌疾病＝瘦不下來？

聊完內分泌的問題，大家可能還是會問：那如果我真的有內分泌疾病呢？如何判斷跟治療？一輩子瘦不下來怎麼辦？在這邊我們僅先討論跟肥胖可能相關的部分，主要包括甲狀腺低下、庫欣氏症（腎上腺皮質醇過多）、多囊性卵巢症候群這幾項。

甲狀腺低下

甲狀腺疾病相當常見，在內分泌專科門診中絕對排在老二的位置，僅次於糖尿病。甲狀腺負責調節身體的代謝速度，大家比較熟悉的「甲狀腺亢進」是指體內甲狀腺素過多，常見症狀包括脖子腫、眼睛凸、心悸、手抖、怕熱、失眠、易餓、脾氣暴躁、月經異常、食慾大增體重卻減輕等等，嚴重時可能導致心律不整、肝功能異常。

「甲狀腺低下」則相反，病患怕冷、皮膚乾燥粗糙、便秘、反應遲鈍、臉部浮腫、體重增加等等。沒錯你看到「體重增加」了！如果是不明原因體重增加，並有上述症狀，的確要把甲狀腺低下考慮進去，這時候只要進行抽血檢查甲狀腺指數，很容易就能確定診斷或者排除診斷。

　　但我還是要噴點硫酸，絕大多數覺得自己變胖而來看診的患者，檢查結果都不是甲狀腺低下。即使真的有甲狀腺低下，造成的體重增加的原因主要是「黏液性水腫」（Myxedmea），也就是水分滯留在體內的重量啦！所以，投藥治療讓甲狀腺指數恢復正常之後，水腫自然會消退，體重會下降，但是身上的肥肉依然還在啊！請不要抱持著「治療甲狀腺低下就可以減去脂肪」這種不切實際的期望。

　　這邊順便要提一下，有些不肖的減肥診所，都把甲狀腺素當作減肥藥使用。想減肥的人吃了甲狀腺素，等於強迫自己變成甲狀腺亢進的狀態，於是體重直線下降，非常開心，還會呼朋引伴一起來看「減肥名醫」。但是天下沒有白吃的午餐，前述的甲狀腺亢進症狀很快就會出現，心悸、手抖、暴躁等等，實際上會讓你苦不堪言。

　　而且不用高興得太早，第一、這時候瘦掉的大部分是水分和肌肉，一旦停藥就會用兩倍的速度再復胖！第二、過多的外來甲狀腺素會抑制腦垂腺功能，進而讓自身甲狀腺功能停擺，停藥之後甲狀腺仍然會處在低下狀態，要好幾個月才會恢復，所以你接下來這幾個月就會一直胖、一直胖、一直胖……。

　　然後你有可能會再一次去求助這種「減肥名醫」，再一次吃甲狀腺素減肥，從此陷入惡性循環。所以，減肥千萬不要靠吃藥，以免誤入歧途，他賺飽了錢，你傷了身體。

庫欣氏症

庫欣氏症，是腎上腺皮質醇過多，而造成體脂肪重新分布、以及其它一系列的病症。比如月亮臉、水牛肩（背頸部脂肪堆積）、中心型肥胖（腹部肥胖，四肢相對較瘦）、腹部可能出現暗紫色條紋、皮膚變薄、容易瘀青、體毛增加。長期罹病的患者也可能引發高血壓、糖尿病、骨質疏鬆等慢性病。

造成庫欣氏症的原因大致可分為「內生性」以及「外源性」兩大類。內生性的原因包括腎上腺腫瘤、腦垂體腫瘤等，導致腎上腺大量分泌皮質醇而產生病症，一般都要到大醫院做檢查才有辦法確診。不過這類腫瘤算是少見，我在南部醫學中心工作時，每年遇到的案例也只有個位數。

比較常見的其實是外源性庫欣氏症，比如長期服用類固醇（其作用類似腎上腺皮質醇），就有可能出現前述的各種症狀。類固醇本身其實不是壞東西，拿來正確使用在風濕免疫疾病（如紅斑性狼瘡）、氣喘病方面可以救人無數，但是如果被不當使用，添加於成分不明的地下電台藥品、草藥裡面的話，實在害人不淺。

這種外源性的庫欣氏症，只要詳細詢問病患的用藥、健康食品，通常可以得到一些濫用類固醇的蛛絲馬跡。而在及時停用可疑藥品之後，大部分的症狀可以獲得改善。

多囊性卵巢症候群

我們先來說說這個疾病的前身「多囊性卵巢」：在超音波檢查下發現卵巢內有許多小濾泡（單側≧ 12 顆）、或卵巢容積超過

10 ml 即符合診斷。造成多囊性卵巢的原因目前不明，只能説和基因有關。根據統計，約兩到三成的正常女性做超音波檢查也會發現多囊性卵巢，但沒有任何症狀。

　　然後我們進一步定義「多囊性卵巢症候群」（Polycystic ovary syndrome，簡稱PCOS，以下稱多囊），臨床上有三大特徵：
　　1、排卵異常（月經次數少或無月經）
　　2、雄性素過高或出現雄性化特徵
　　3、超音波檢查發現多囊性卵巢

◆ 圖解 PCOS 三大特徵 ◆

排卵異常　　　　雄性素過高　　　　超音波發現
月經異常　　　　雄性化特徵　　　　多囊性卵巢

　　上述標準之中至少符合兩項，即可診斷為 PCOS。目前確切病因仍未定論，比較常見的説法是：因為不明原因導致卵巢中的濾泡無法正常發育（排卵異常），這樣的卵巢也會分泌過多的雄性素，產生多毛、長青春痘、掉髮等等雄性化特徵，而且過多的

雄性素又會回過頭去抑制濾泡發育，形成惡性循環。

　　另外還要提到另一大病因：「胰島素阻抗」。是的，又回到前面談過的胰島素阻抗（個人認為胰島素阻抗根本就是內分泌界的大魔王）：由於身體對於胰島素的反應不佳，導致胰臟必須代償性的分泌更多胰島素，而過量的胰島素又會刺激卵巢分泌更多雄性素，進入前述的惡性循環。好啦重點來了，造成胰島素阻抗的最大原因是什麼呢？再重複一次，有很大一部分就是「肥胖」！

　　根據目前的研究，無論胖多囊還是瘦多囊，大多數的多囊患者都可以檢驗出胰島素阻抗的現象，這個胰島素阻抗的體質存在於先天，也就是你的基因之中，但可能程度輕微，不一定每個人都嚴重到出現症狀（如糖尿病、月經失調等）。

　　然而在患者因為不健康的生活型態，包括飲食、運動、睡眠等，導致自己逐漸變胖之後，胰島素阻抗的程度也會惡化，逐漸升高的胰島素濃度會直接和間接干擾卵巢功能、導致不排卵。還有另一條支線劇情：過多的脂肪也會分泌大量的瘦素（Leptin），進而干擾卵巢功能、導致不排卵。卵巢功能在多方面的影響之下發生月經失調，女性患者才警覺到要找婦產科就醫。

　　繞了一大圈，就是要在這邊告訴各位：很多女性朋友發現自己愈來愈胖，加上月經似乎變得不規則，就會跑去婦產科求診，檢查之後被醫師診斷為多囊性卵巢症候群，從此以後心中就認定「自己是因為多囊才變胖的」。事實恰恰相反！你可能本來就帶有多囊的基因只是尚未發病，後來因為不健康的生活型態導致自己逐漸變胖，進而誘發了多囊性卵巢症候群的發作。

　　所以真相是：並非多囊害你變胖，而是你先變胖才導致多囊發作。就好像我們都知道，變胖會導致脂肪肝的產生，但難道脂肪肝本身會害你變胖嗎？

多囊是一面照妖鏡？

　　說起來，多囊像是一面照妖鏡，照出了這些人搞不清楚自己為什麼發胖的真面目：因為他們根本就是「食盲」，每天吃著地雷食物還以為很健康，明明熱量破表了還覺得自己沒什麼吃也會胖。變胖真的沒辦法怪別人，說到底都是自己吃進去的。

　　而在診斷為多囊之後，你最關心的一定是，醫生開藥治療，病是不是就治好了、人也就會瘦下來了呢？當然不是。目前PCOS 患者可以使用雙胍類藥物 Metformin 治療，這個藥的作用是改善患者的胰島素阻抗（Metformin 也是治療糖尿病的首選藥物），進而有機會幫助卵巢恢復正常排卵。但此類藥物治療是否能夠降低體重，目前並沒有充足的證據。

　　所以婦產科醫生絕對不會叫你吃藥就好，一定還會交代要減重、注意飲食、多運動，才有辦法讓病情改善。因為不是治療多囊讓你變瘦，而是等你變瘦之後多囊就有機會不藥而癒了。

　　我要特別再次強調，想要治療多囊，藥物治療只是輔助，飲食和運動才是王道。不管查詢何種文獻，都會告訴你「調整飲食以及運動」才是最佳的第一線治療方式。

　　我發現有許多人會說自己是因為多囊而變胖（或因為內分泌失調而變胖），是看到電視上的某知名女藝人這樣說。我不確定

她本人是否說過，但新聞媒體幾乎一面倒的是這樣寫：「某某因為罹患了婦女疾病『多囊性卵巢症候群』，導致內分泌失調，體重暴肥 20 公斤。」

大家通常都有看到新聞的前半段，但我要提醒重點應該是在新聞的後半段：「某某開始積極瘦身，不但戒酒，而且配合調整飲食、規律運動，終於恢復好身材，不時在社群分享美照。」

等等，說好的內分泌失調呢？不是得了多囊的人就一定會變胖嗎？怎麼突然就瘦下來了？其實原因就如同我前面所說：多囊不多囊根本就不是重點，先有正確的飲食和積極的運動，自然就可以改善多囊。而不是抱持著先治好多囊，人就會自動變瘦的幻想。

事實上，三高慢性病（高血壓、高血糖、高血脂）的防治都跟 PCOS 類似，在發病早期透過飲食、運動、減重，你的內分泌系統就有機會改善、甚至回歸正常。可惜有些患者把醫師的交代當作耳邊風，等到病情逐漸惡化，不得不吃藥治療，才怪醫師愛開藥、愛賺錢，導致醫師和西藥被汙名化，實在很可悲。

內分泌系統失靈，不止讓你胖而已

　　寫了這麼多，會不會還是有人覺得「內分泌就是多囊、長痘痘這類的小毛病而已」？不不不，這個誤會太深了，其實跟內分泌相關的疾病可大可小，我們就來聊聊內分泌是怎麼跟國人十大死因結下不解之緣的。先看 108 年的統計資料，國人十大死因依序為：

　　1、惡性腫瘤（癌症）

　　2、心臟疾病

　　3、肺炎

　　4、腦血管疾病

　　5、糖尿病

　　6、事故傷害

　　7、慢性下呼吸道疾病

　　8、高血壓性疾病

　　9、腎炎、腎病症候群及腎病變

　　10、慢性肝病及肝硬化

　　大家來猜猜看，其中哪一些疾病跟內分泌有關呢？答案是除了事故傷害以外，全都有關！覺得很不可思議、或者毛骨悚然嗎？且聽以下分析。

這件事情還是要從源頭，也就是飲食開始講起，假如我們吃進過多高熱量的食物（比如甜食、炸物、麵包等），導致身體裡囤積過多的脂肪，這些脂肪不僅會存在你的鮪魚肚或者蝴蝶袖（皮下脂肪），還會跑進內臟變成內臟脂肪，比如在肝臟造成脂肪肝，而脂肪肝就是造成「10、慢性肝病及肝硬化」的常見原因之一。

當脂質代謝物堆積在細胞中（主要是肌肉以及肝臟細胞），會導致這些細胞變得鈍鈍的、對胰島素的反應不佳，這就是傳說中的「胰島素阻抗」。

胰島素阻抗是多種內分泌疾病的前身，可以說是「內分泌界的大魔王」，比如「5、糖尿病」之中比較常見的第 2 型糖尿病，就是因為胰島素阻抗太嚴重，讓胰島素不足以順利調節血糖，於是血糖逐漸攀升、最後終於發病。

而過高的血糖會對身體各大重要器官造成傷害，根據統計，糖尿病是目前造成國人「9、腎病變／洗腎」最大的原因。

此外，胰島素阻抗會促使胰臟分泌更多胰島素，也就是高胰島素血症，而過多的胰島素會導致鹽分滯留以及交感神經興奮，是「8、高血壓」的部分原因。

而伴隨胰島素阻抗產生的游離脂肪酸和細胞激素，會刺激肝臟製造更多的三酸甘油脂、同時高密度脂蛋白膽固醇（HDL-C，俗稱好的膽固醇）變少、低密度脂蛋白膽固醇（LDL-C，俗稱壞膽固醇）變小且緻密。這些都是造成「2、心臟疾病」和「4、腦血管疾病」的主因。

那第一名的「1、惡性腫瘤（癌症）」跟內分泌疾病也有關係

嗎？有，根據醫學研究，其實糖尿病及肥胖本身就和多種惡性腫瘤有關，包括大腸直腸癌、肝癌、胰臟癌、子宮內膜癌、乳癌等都有較高的罹病率。

　　最後講「3、肺炎」，有糖尿病、高血壓的人，都是肺炎（包括流感併發肺炎、或鏈球菌肺炎）的高危險群，所以這類病友都是施打流感疫苗、肺炎鏈球菌疫苗的優先族群。

代謝症候群也是一種病嗎？

代謝症候群不是一種疾病，而是好幾個危險因子的總稱。早期的醫學界發現，有一群病人好像特別容易罹患心血管疾病，但是又說不出個所以然。直到 1988 年，Dr. Reavon 首次提出「Syndrome X」的概念，以胰島素阻抗為核心、加上若干個危險因子，解釋了糖尿病、心血管疾病的致病機轉。對，我們前面說過內分泌界的大魔王「胰島素阻抗」又再次出現了。

經過 WHO 及各國逐步修改診斷標準，Syndrome X 變成了今天我們所熟知的代謝症候群，右圖中所列出的就是台灣版代謝症候群診斷標準，我們可以把這幾項危險因子簡稱為「三高加二害」，五項之中符合三項或以上，即確診為代謝症候群。

- 血壓偏高
- 血糖偏高
- 三酸甘油酯偏高
- 腰圍過粗
- 好的膽固醇不足 (HDL-C 偏低)

我在前面已經解釋過胰島素阻抗如何導致血壓、血糖、三酸甘油酯偏高以及 HDL-C 偏低；至於腰圍過粗是內臟脂肪囤積的徵兆，而內臟脂肪正是導致胰島素阻抗的重要來源之一。

所以時至今日，雖然省略了較難直接測量的胰島素阻抗，但是以上這些危險因子，跟胰島素阻抗的關係早已是密不可分了。

那麼，確診為代謝症候群又如何，這三高加兩害看起來也是不痛不癢呀？上述有講到，得到代謝症候群，幾乎等於是得到十大死因疾病的入場券了，比如高血壓、糖尿病、以及最危險的心血管疾病（心肌梗塞、腦中風）等，不可不慎。

◆ 圖解代謝症候群：符合三項或以上 ◆

腰圍過粗
男≧**90 cm**
女≧**80 cm**

血壓偏高
≧ **130/85 mmHg**

空腹血糖偏高
≧ **100 mg/dl**

三酸甘油酯偏高
≧ **150 mg/dl**

HDL-C 偏低
男＜**40 mg/dl**
女＜**50 mg/dl**

讓內分泌系統回歸正常的態度

　　現在我們知道了，「內分泌疾病」它們在臨床上都有嚴謹的定義，能明確的做診斷以及治療。而「內分泌失調」是一個含糊籠統的概念，亦沒有特定的治療方法。

　　所以如果把自己變胖都怪罪於內分泌失調，事實上根本無濟於事、並非一個明智的行為。倒不如先檢討自己的生活習慣，例如吃加工食品、喝含糖飲料、作息時間不規律、不做運動，長期累積之下害自己變胖，同時也打亂了身體的內分泌系統。這個時候卻說是內分泌失調害你變胖，根本是因果倒置，作賊喊抓賊。

「胖急亂投醫」只會讓內分泌系統更混亂！

　　不過，在嘗試各種減肥方式的時候，也得注意用錯方法反而會對內分泌系統更不利。說真的，我不敢斷言哪一種飲食方式最好（如果說到要改善三高，最受好評的應該是「地中海飲食」以及「得舒飲食」），不過如果問我哪一種最糟糕，我馬上就可以想到以下兩個：

1、飢餓瘦身法：

俗稱仙女餐，大概是最簡單也最常見的減重方式，反正就餓肚子嘛！一般人只要發現自己最近有胖一點，反射性的做法就是「少吃一些」，餓個幾餐甚至幾天，體重總是會降下來的。

但是這樣真的好嗎？在達成熱量赤字的情況下確實會瘦，但是不只瘦掉脂肪，同時也會瘦掉很多肌肉，變成肌肉過少而脂肪相對偏高的「泡芙人」。如果下次吃進過多的熱量，脂肪仍然會囤積，但肌肉量卻不會回升，然後泡芙人發現自己胖了，就只好再一次使用飢餓瘦身法減肥，如此進入一個惡性循環，體重上上下下，就是傳說中的「溜溜球效應」。

另一方面，缺乏足夠的油脂也可能造成女性荷爾蒙的原料不足，導致女性朋友們月經失調；長期的熱量赤字更有可能造成下視丘性停經。這些現象一旦發生，就要花好幾倍的時間來調養恢復，可謂得不償失。

2、生酮飲食：

幾年前開始在國內爆紅，至今仍時有所聞的生酮飲食法，一直讓我非常憂心。先從缺乏碳水說起，雖然短期的極低碳水化合物飲食不至於造成生命危險，但是人體顯然並不完全適應這種生活，缺乏碳水相對容易讓人精神不濟且影響運動表現。

腸胃不適也是生酮飲食最常見的副作用，包括噁心、嘔吐、腹瀉、便秘等等都很常見。其次生酮的過程會流失大量水分，造成口乾舌燥、多尿等反應，甚至誘發腎結石、痛風等等疾病發作。

另一方面，生酮飲食往往伴隨著非常高的油脂攝取量，包括

廣受歡迎的椰子油，已經有許多醫學文獻證實椰子油會造成血脂異常（總膽固醇和低密度膽固醇上升），而根據過往針對膽固醇的研究基礎，低密度脂蛋白膽固醇上升可以推斷出重大心血管疾病（心肌梗塞、腦中風）的風險將會增加。

以上這兩種不利於內分泌的飲食法造成的影響就是這麼大，所以依然奉勸各位想瘦的朋友們不要「胖急亂投醫」，胡亂嘗試流行的瘦身飲食法有可能出現弄巧成拙的結果。

其實，問題並不在於怎樣減肥，而在於你是否有良好的生活型態！遵循均衡飲食的原則、規律的運動，慢慢來、比較快，才能夠瘦得長久。

說白了，有時候內分泌失調只是一塊遮羞布，有些人把自己冠上內分泌失調的稱號，所以「我都沒什麼吃也會胖」、「變胖都是內分泌失調害的」，然後完全不為自己亂七八糟的飲食習慣負責，瘦不下來要怪誰呢？

了解內分泌系統，才可以擺脫內分泌失調這個莫須有的罪名，勇敢而堅定的走向正確的瘦身之路！請要瘦身減肥的朋友們多花點心思在建立良好的生活習慣，身體自然會告訴你答案，那就是：你會瘦下來，而所謂內分泌失調也會煙消雲散。接下來的章節將告訴你何謂正確的飲食觀念。

PART

2

瘦是吃出來的：飲食篇

減肥？先檢視自己是哪一種類型

談完內分泌系統與內分泌疾病之後，相信大家都能理解肥胖的危害、以及維持健康體重的重要性。我相信無論是為了健康、或是為了外表，很多人都想瘦。沒錯，但是要怎麼瘦？

某某書本封面寫著「只要○○飲食法就能瘦」，某某教練告訴你「只要做××運動就能瘦」，或者某某節目裡的藝人來賓說「只要＃※＆＊§這樣做就能瘦」（有時候我真的不懂他們在說什麼），到底你該聽哪一個？

你可能選擇了上述其中一個方案，或者有人三個方案都選，實行一段時間卻仍舊是徒勞無功。我給你的答案是這樣：其實每個人的身體條件都是不同的，世界上不會有一種萬能的解決方案讓所有人都瘦下來。

所以在你開始選擇減重方式之前，建議先搞清楚自己是哪一種族群，因為針對不同族群，減重方式也會有很大的差異。這算是瘦身的第一課。

用 BMI 來區分不同族群

世界衛生組織建議以身體質量指數（Body Mass Index，

BMI）來衡量肥胖程度，其計算公式是以體重（公斤）除以身高（公尺）的平方。不會計算的人可以直接到衛服部國健署「健康九九網站」，點選「健康檢測」選單裡面的「身體質量指數 BMI」，在空格裡面輸入身高體重，馬上就可以得到計算結果。

請輸入網址或掃描 QR code：
https://health99.hpa.gov.tw/onlineQuiz/bmi

　　由於人種、環境、經濟條件的不同，各國也有制定不同的 BMI 標準，我們這裡只以台灣標準做討論。依據我國標準，BMI ≧ 24 為「過重」，BMI ≧ 27 為「輕度肥胖」，BMI ≧ 30 為「中度肥胖」，BMI ≧ 35 為「重度肥胖」。

　　關於減重方式的建議，我把對象大致分為三種類型。

類型 1：BMI 超標族群

　　所有 BMI ≧ 24 的人都可以統稱為「BMI 超標」的族群，這個族群要減重其實非常容易，只要注意三件事：**第一是飲食，第二是飲食，第三還是飲食！**沒錯，先從飲食下手就對了。運動固然對身體有益，但如果要靠運動減重，效果沒有想像中那麼大，所以我給這類族群的減重建議就是：「**飲食佔九成，運動佔一成**」，各位可以好好的領會一下。

　　我先聲明：一些專業運動員雖然 BMI 超標，但原因通常是肌肉量偏高，而不是脂肪，所以運動員的 BMI 標準應該要跟一般人不同。不過呢，有些喜歡運動的人明明體脂肪偏高，卻又很愛用

想像中的肌肉量偏高來自我安慰，那又另當別論了。

其實不管是過重也好、肥胖也罷，原因終究只有一個：「吃進去的熱量大於消耗的熱量」，沒有例外。無論你是否有自覺，所有的熱量都只會是你自己吃進去的，不用懷疑，因為熱量不可能無中生有，除非你的身體會行光合作用。

BMI 超標的族群如果老是把「我都沒什麼吃也會胖」、「我胖是因為沒運動」、「我胖是因為內分泌失調」這幾句話掛在嘴邊，只是在自欺欺人而已，繼續講十年也還是一樣胖，身體是不可能自動變瘦的。早點面對現實，開始正視自己的飲食習慣，是你成功瘦下來的唯一契機。

類型 2：辛酸的泡芙人

泡芙人是指那些體重雖然未超標（BMI < 24）但體脂肪率卻明顯超標的族群（女性體脂肪率 ≥ 30%，或男性體脂肪率≥ 25%）。這類族群通常飲食還算有節制，所以體重尚能控制在標準範圍；可能也有固定的運動習慣，但做來做去大多都是有氧運動。泡芙人的外表讓人感覺纖細，但他們很清楚身上的某些部位特別有肥肉，不知為何總是塞不進自己想穿的那件褲子，而且只要稍微放鬆多吃幾口就發胖。你一定會很困惑，這樣到底算胖還是不胖？要減肥又該怎麼做？

「飲食佔七成，運動佔三成」是我給泡芙族群的減重建議！這類族群飲食方面必須比體重超標的族群稍微嚴格一些，但這裡的嚴格絕對不是說只能吃少少的仙女餐，而是要在總熱量不超標的條件下攝取充足的蛋白質，才能有利於增肌減脂。飲食怎麼選

擇、熱量如何設定，這些內容會在後面的章節詳述。

　　此外，泡芙人最大的問題除了體脂肪過多以外，還有一個重點在於**肌肉量不足**，所以身材顯得疲軟不紮實。這個部分要靠運動來補救，而且運動方面首推**肌力訓練**（不要再傻傻的只做有氧了），足夠的肌肉量才能幫你打造易瘦體質，身材也會更有曲線。順便再強調一下，肌力訓練絕對不會讓你變成金剛芭比。

類型 3：追求極致的族群

　　最後要講的這個族群不僅體重正常，體脂肪也未超標、甚至還低於標準，這類族群想要求進步，就不是隨便吃、隨便練可以達成的。通常會需要更嚴格的飲食以及有計畫的肌力訓練，把增肌和減脂分開進行，並且累積數個月（甚至數年）的時間才會出現明顯進步。

　　不過這類族群通常就不是以減重為目標了，而是學習正確的飲食和運動知識，然後努力增肌減脂，讓自己的身材看起來更理想。如果遇到瓶頸，覺得自己仍有需要加強的地方，也建議尋求專業的健身教練和營養師的指導。

　　總之，建議在你開始減重之前，應該要先搞清楚自己屬於哪一個族群，才能擬定最合適的減重對策，也比較容易達成自己的目標。

瘦是怎麼吃出來的？

　　不論你是上述哪一個族群，都會發現飲食真的至關重要，那究竟瘦是怎麼吃出來的？先來談談以下幾個重要的觀念。

吃很少為什麼還不會瘦？ → 了解熱量天平

　　關於瘦身的原理我們還是回到最基本，從「熱量平衡」開始解釋吧！假設我們的身體裡有一個天平，天平的兩端分別是「攝取的總熱量」和「消耗的總熱量」，那麼事情就會變得簡單又直白：當我們攝取的熱量大於消耗的熱量，就叫做**熱量盈餘**，它會讓你變胖。

　　反過來說，當我們攝取的熱量小於消耗的熱量，就叫做**熱量赤字**，它會讓你變瘦。減肥的首要目標就是創造熱量赤字，不論你使用什麼方法：斷食、減醣、還是生酮，通通都必須創造熱量赤字，才有可能瘦下來。反之，不論使用什麼特殊飲食法，如果沒有創造熱量赤字，那是絕對不會瘦的。

◆ 圖解熱量天平 ◆

熱量盈餘：攝取大於消耗

熱量赤字：攝取小於消耗

　　所以說，減肥最大的祕密就是「熱量赤字的人贏，熱量盈餘的人輸」。這邊我舉幾個實際的數字來幫助大家理解，為了方便討論，以下提到攝取或消耗的熱量我們都以「一整天的總和」為準。

假設你一天消耗的總熱量為 2000 大卡，那麼只要把攝取的熱量控制在 2000 大卡之內，比如 1500 大卡，在持續地累積熱量赤字之下，一定是可以變瘦的。給大家一個基本觀念，減少 1 公斤的脂肪大約需要 7700 大卡的熱量赤字，所以如果每天赤字 500 大卡，那麼大概經過兩週可以瘦 1 公斤。

可能有人會跳出來喊冤：「我每天都吃很少，為什麼還一直胖？」我們只要回到熱量天平的角度來分析，答案就很清楚了。假設你每天都只吃 1500 大卡，而你一天消耗的總熱量為 2000 大卡，在熱量赤字的情形下有可能變胖嗎？答案是：「不可能」。

會造成這種結果的原因可能有兩個。第一，你每天吃的超過 1500 大卡，是你「自以為」只吃 1500 大卡，實際上你吃了 3000 大卡也說不定。這個錯誤主要出在你對食物的不了解，可能吃到很多高熱量的地雷食物而不自知。

第二個可能性，也許你真的吃很少，每天只吃 1500 大卡，但是你消耗的總熱量也很少，連 1500 大卡都不到，所以即便吃很少還是出現熱量盈餘，造成變胖。這個狀況通常起因於你的基礎代謝率太差（基礎代謝率是什麼我們會在後面的篇章討論），也可能是你的日常活動量或者運動量不足，導致身體消耗的總熱量偏低。

總歸一句話：必須創造熱量赤字才會變瘦。反之，如果你瘦不下來，表示你沒有成功創造出熱量赤字。所以如果你瘦不下來，你最重要的課題是去檢討上述兩大原因，而不是浪費時間去為自己辯解「沒什麼吃也會胖」，因為熱量平衡這樣簡單的數學原理是一清二楚的。

　　最後要提一下，熱量赤字也不是愈多愈好。刻意創造巨大的熱量赤字確實能快速減重，但快速減重瘦掉的部分不光是脂肪，還包括了肌肉組織以及水分，這種情況很容易造成基礎代謝率進一步惡化，以後復胖的機率大增。我們平常所說的「胖」主要是針對體脂肪而言，而「減肥」當然是要減掉多餘的脂肪。透過正確的飲食以及運動，才能夠最大效益的減掉脂肪、且不損失肌肉。

一天就胖（瘦）1公斤？ → 破除體重迷思

　　「我昨天明明都沒有亂吃，怎麼今天就胖了1公斤，救命啊！」（呼天搶地）

　　「我昨天偷吃點心，結果今天不但沒變胖，反而還變輕了耶！」（內心竊喜）

　　「我好幾天都不敢亂吃，怎麼體重都沒下降呢？」（十分洩氣，乾脆放棄減肥）

　　沒錯，除了說自己吃很少為什麼還不會瘦，上述這些問題是不是在減肥中也很有既視感？

　　會有這樣的困惑代表你已經掉進了一個陷阱，我把它稱之為「體重迷思」。簡單說起來就是：影響體重變化的因素十分複雜，所以短期內輕1公斤不等於瘦1公斤（脂肪減少1公斤），而重1公斤不等於胖1公斤（脂肪增加1公斤）。

　　讓我們先搞清楚「胖」的定義：身體的脂肪量過多而對健康

造成負面影響。但是要增加 1 公斤的脂肪，必須吃進 7700 大卡的熱量，7700 大卡是什麼概念呢？換算起來大概是要吃下 13 片雞排，或者喝下 12 公升的全脂牛奶，才會長出 1 公斤脂肪。

所以千萬不要搞錯，你今天比昨天重 1 公斤，難道你昨天有辦法一口氣吃進 7700 大卡嗎？顯然是不可能的（好吧，雖然有些人真的有可能）。所以一天之內體重增加 1 公斤到底是怎麼來的？很簡單，就是水分以及食物殘渣的重量。

舉個例子：你今天吃了 1 公斤的青菜，它的熱量總共不超過 250 大卡，但是青菜含有大量纖維素，消化後會剩下很多殘渣在你的腸子裡，導致你的體重數字看起來會上升（誇張一點假設體重增加 1 公斤好了），不過這些殘渣可以幫助你排便、而且不久之後就會隨著糞便排出體外，理論上你的體重數字會回歸原點，完全不必擔心。所以我很鼓勵學員吃青菜，我自己也吃很多青菜，沒在怕的。

相對的，那如果你今天吃了一塊蛋糕呢？蛋糕的主成分是糖、澱粉、油脂，幾乎不含任何膳食纖維，吃進去之後沒有任何食物殘渣，所以隔天量體重也看不出變化。不過小小一塊蛋糕的熱量可能高達 770 大卡，這 770 大卡會轉變成貨真價實 0.1 公斤的體脂肪囤積起來，而且體脂肪絕對不會隨著糞便排掉。

這 0.1 公斤的體脂肪你可能一點感覺都沒有，但如果每天增加 0.1 公斤，一個月下來呢？0.1 公斤乘以 30，變胖 3 公斤也是意料中的事！平常不忌口，等到一個月後站上體重計才崩潰，為時已晚。

先不考慮熱量因素，還有什麼原因會在短期內影響體重呢？舉幾個常見的例子，當我們吃太鹹、攝取過多鹽分的時候，可能會造成水分滯留體內（也就是水腫），導致體重暫時增加。不過鹽分是沒有熱量的，理論上這些多餘的水分也會慢慢排出體外。這邊順便一提，水一定要喝夠，一個基本的公式是：每天至少要喝體重 x 30 c.c. 的水。喝水當然會造成體重暫時的增加，但是水分沒有熱量，而且不用幾個小時就會藉尿液排出體外，所以請放心的喝水吧。

此外，攝取過多糖分或澱粉也可能出現水分滯留的情況，因為糖分和澱粉在消化後會有一部分轉變為肝糖，而肝糖必須夾帶水分才能儲存在身體裡，造成體重上升。反之如果執行減醣飲食，前期體重會下降得很快，有一部分就跟水分的流失有關。

此外還有一個十分常見的原因：女性生理期。由於荷爾蒙在短期內的劇烈變化，時常造成1到2公斤甚至更大的體重起伏。但是生理期不會憑空創造出熱量（除非你自己趁機大吃零食），體重變化主要還是跟水分滯留有關，理論上這些多出來的體重也會在生理期之後逐漸消散無蹤。

這邊順便幫大家破解一個都市傳說：「生理期的時候亂吃不會變胖？」真相是這樣的：生理期的頭幾天女性會因為水腫而體重上升，同時也會因為身體不舒服或者心理因素而吃一些甜食、含糖熱飲。等生理期結束、水分消退之後，一站上體重計發現自己居然變輕了，就出現「生理期的時候亂吃不會變胖」這種謬論。錯！如同前面所述，這些甜食跟含糖熱飲其實早已轉變成脂肪儲存了。生理期會過去，但脂肪會留下。

別為短期的數字變化患得患失

了解以上觀念後，回到最初的三個狀況題，大家應該都可以理解了對嗎？

「明明都沒有亂吃，今天卻胖了1公斤」的狀況不用太崩潰，首先你如果沒有吃下7700大卡，並不會胖1公斤。其次，這1公斤可能是水分跟食物殘渣的重量，而不一定是熱量造成的。

「偷吃點心，今天反而變輕了」也不高興得太早，點心沒有食物殘渣，當然相對不會造成體重上升。但是點心富含的高熱量會轉變成體脂肪，涓涓滴滴累積在你的肥肉裡。

「好幾天不敢亂吃，怎麼體重都沒下降？」這是減肥期間最常遇到的問題。我敢打包票：只要你用正確的飲食方式並且達到熱量赤字，持續執行之下絕對沒有瘦不下來的道理。但是！如果你自認為吃得很少卻一直瘦不下來，那麼很不好意思，我也敢說你目前一定有執行錯誤的地方（請複習熱量天平的概念）。

最後要強調的觀念是，減肥並非每天追著體重計上面的數字患得患失，上升一點就哀爸叫母、下降一點就放鞭炮慶祝，然後每天上演類似的戲碼。

我建議每天持續記錄體重、忽略短期變化、並且觀察長期趨勢才是正確的態度。這有什麼好處？

首先，每天固定在早晨起床（上完廁所後）記錄體重，是一種自律的表現，而自律是減肥成功非常重要的因素。第二，可檢討飲食，如果體重連續幾天都沒有下降，那就要透過飲食紀錄去

檢視自己有沒有達到熱量赤字。第三，即時反饋，明確的數字擺在眼前，當數字呈現逐漸下降的趨勢時，我們會得到很大成就感，這種爽感能夠激勵我們持續努力減肥。

　　至於該如何知道自己要吃多少熱量、又該吃什麼？接下來幾個章節的工具一定要學起來！

體脂計到底準不準？我需要量嗎？

　　在討論體脂計之前，我們來談談體脂肪率是怎麼測量的。臨床上能夠精確測量體脂肪的儀器叫做「雙能量 X 光吸收儀」（Dual-Energy X-ray Absorptiometry，簡稱 DXA）。沒錯，就是用來測量骨密度、評估骨質疏鬆症的那台儀器，它可以直接測量出體內骨骼、肌肉、脂肪等的重量。另外也可以使用「磁振造影檢查」（Magnetic Resonance Imaging，簡稱 MRI），不過這種機器更大台，費用也更高，通常只會出現在醫學研究裡面，不會在日常生活中拿來測量體脂肪。

　　而一般家用體脂計的測量方式是使用生物阻抗分析（Bioelectrical Impedance Analysis，簡稱 BIA），俗稱「電阻式體脂計」。簡單來說它的原理就是：脂肪的導電能力較差，水分的導電能力較佳。機器會釋放出微量電流通過你的身體，經由判斷導電程度的好壞（也就是電阻的高低），來估算出你體內的總水分，再經過公式推算出你的肌肉重以及的體脂肪重。體脂肪重除以體重就等於體脂肪率。

　　這種測量原理也造成 BIA 有個很明顯的缺點：受體內水分變動的影響很大！因此你在早上晚上量出來的體脂肪率可能不一樣、餐前餐後也不一樣、運動前後也不一樣、上廁所前後也不一樣。至於健身房裡面的「InBody」，原理同樣是使用BIA，說白了就是一台比較高級的家用體脂計，所以同樣會受

到水分的干擾，誤差也是必然存在的。

所以很多人在減重1、2公斤之後用體脂計測量體脂肪率，發現體脂肪率不降反升，嚇得趕快把自己吃胖回去（誤）。其實不需要緊張，因為人在減肥早期會消耗身體裡的肝糖，而肝糖平常都跟水分一起貯存，所以減肥的時候水分與肝糖一起連帶減少，因此測量出來的誤差絕對是不能忽視的。當然，如果你持續吃仙女餐加上狂做有氧減肥，恐怕減脂的同時，肌肉也會掉得很厲害。反之如果你均衡飲食而且注重蛋白質攝取、也勤做肌力訓練，那就比較有機會得到滿意的減脂成果，同時不會減到肌肉（甚至還增加肌肉）。

既然體脂計這麼不準確，那量體脂肪率就沒有意義了嗎？當然不是，如果我們能在固定條件下測量（比如固定早上起床、空腹、小便後的狀態），並且做長期的記錄，就可以看出體脂肪率的趨勢。所以各位不必糾結哪個體脂計測得比較準，或者一天之內體脂肪率的高低起伏，因為這樣的數據缺乏實際意義（都是假的、眼睛業障重）。再強調一次：要有長期、多次的記錄，才能看出體脂肪率的實際變化。

此外，也有一派健友主張完全不須看體脂計上的數字，最重要的其實是「體態」！這樣的觀念我也贊同。除了定期記錄體重、體脂肪率，也應該要對鏡自拍、記錄自己的體態，如果你的體態愈來愈棒，說實在也不需要太執著於體脂率數字了。

我能吃多少？科學化的公式算給你看

你是不是成天把「我都沒什麼吃也會胖」掛在嘴邊？那你真的知道自己吃了多少嗎？

你會不會經常說「我的代謝很差」，那你知道基礎代謝率其實是可以用公式計算的嗎？

說到「代謝差」這個詞又要讓我吐槽不完了：有人覺得精神不好就是代謝差、有人覺得便秘就是代謝差，到底什麼才是代謝差？為了破除那些毫無根據的說法，今天我就用文章帶大家來了解什麼是「基礎代謝率」和「每日消耗熱量」，讓你根據自己的身體狀況知道能吃多少。

躺著不動也能消耗，就是「基礎代謝率」

基礎代謝率（Basal Metabolic Rate，簡稱 BMR）是指：身體在靜止狀態下所需消耗的最少能量。說得詳細一點就是身體在非劇烈活動的狀態下，用來維持生命及生理機能，比如呼吸、心跳、肝腎、大腦、肌肉等等器官活動所需要的能量。愈講愈難懂了嗎？好吧，簡單說就是：你一整天躺著不動會消耗多少能量啦！

而基礎代謝率是有公式可以推算的，美國運動醫學會提供了

這條 Harris–Benedict 公式：

男性 BMR=(13.7× 體重（公斤）)+(5.0× 身高（公分）)-(6.8× 年齡)+66

女性 BMR=(9.6× 體重（公斤）)+(1.8× 身高（公分）)-(4.7× 年齡)+655

公式太複雜看得頭昏眼花嗎？沒關係，其實網路上有很多免費的 BMR 計算器網頁，或者到我的部落格網站也可以計算，只要輸入性別、年齡、身高、體重，馬上就會出現結果。

請輸入網址或掃描 QR code：

https://tsai63.com/blog/calculator

例如我今年 37 歲，男性，身高 163 公分，體重 60 公斤，就可以算出基礎代謝率為 1451 大卡。

從這條公式可以看到一個事實：體重愈重的人，算出來的基礎代謝率愈高。所以胖友們以後不要再說自己代謝很差了，你們的代謝很好才對！會胖真的是因為吃太多，請先認清事實才有機會減肥成功。

不過，聰明的各位看到這兒一定會想到，如果是兩位身高體重相同、但是體脂肪不同的人（林〇豪 vs 連〇文？），基礎代謝率應該不一樣吧？沒錯，這個時候就要用到另一組 Katch-McArdle 公式：

BMR = 370+(21.6x 除脂體重（公斤）)

比如一樣以我為例，60 公斤，體脂肪 15%，除脂體重就是 (100%-15%)x60=51，帶入公式得到 BMR=370+(21.6*51)=1471.6 大卡。但如果有一位體重同樣 60 公斤、但體脂肪 30% 的泡芙人，算出來的 BMR 就變成 1277.2 大卡，相差將近 200 大卡。

所以平常強調「肌肉會幫你燃燒熱量」，可不是開玩笑的喔！

人並非整天不動，必須考慮「每日消耗熱量」

現在我們了解自己的基礎代謝率了，但畢竟人不可能整天躺著不動，我們總要起來走路、上廁所、爬樓梯、上班工作、甚至運動健身，這些都要消耗能量。因此我們要認識另一個名詞，叫做每日消耗熱量（Total Daily Energy Expenditure，簡稱 TDEE），也就是你一整天消耗的熱量總和。這數值通常是用你的 BMR 去乘某一個參數所算出，其公式如下：

久坐族／無運動習慣者：TDEE = BMR x 1.2
輕度運動者／每週運動 1-3 天：TDEE = BMR x 1.375
中度運動者／每週運動 3-5 天：TDEE = BMR x 1.55
高度運動者／每週運動 6-7 天：TDEE = BMR x 1.725
超高度運動者／體力活的工作／每天運動 2 次：TDEE = BMR x 1.9

例如我本身算是中度運動者，用前述得到的 BMR 帶入公式得到的結果是 TDEE = BMR (1458.2 大卡) x 1.55 = 2260.2 大卡，這大約就是我一天會消耗掉的總熱量。

也歡迎使用我的部落格網頁的計算器，方便大家直接算出自己的基礎代謝率和每日消耗熱量。如果在其它網站算出來的結果

可能會有點誤差，但通常都在幾十大卡以內，不用太在意。

請輸入網址或掃描 QR code：
https://mgleo07.blogspot.com/2020/08/bmrtdee.html

　　重點來了，我們辛苦算出 BMR 跟 TDEE 這兩個數值又能幹嘛呢？當然是拿來幫助減肥囉！再次以我自己為例，我的 TDEE 大約是 2260 大卡，那麼我將每天飲食的目標熱量設定在 1760 大卡左右，創造熱量赤字，自然就會愈吃愈瘦。我建議男性的目標熱量為 TDEE-500 大卡，女性是 TDEE-300 大卡，並且至少執行 1至 2 週，如果體重完全沒有下降的趨勢，那再來考慮下修目標熱量。

減肥，才不是吃越少越好

　　那麼有人會想，乾脆每天少吃 1000 大卡，甚至每天少吃 2000 大卡，不就可以更快速減肥了嗎？太棒了！但別高興得太早，我在前面的章節就談過，雖然創造熱量赤字就能瘦，但人體是活的、不是機器，並非熱量愈低愈好。第一、如果你長期飲食的熱量低於基礎代謝率，身體會自動開啟保護機制、拚命節省能源。換句話說，你的基礎代謝率就會逐步下降、下降、再下降。

　　第二、身體長期缺乏能量的時候，並不會只燃燒脂肪，而是同時拿肌肉來分解利用。一旦把肌肉犧牲掉了，基礎代謝率也就跟著下降。因此節食減肥的人早期效果往往相當顯著，但是過不

了多久就會出現體重停滯期，你發現節食再也無法讓你瘦下去了。要知道脂肪的堆積很容易，但肌肉的成長非常困難，當你某天忍不住餓，多吃了一些熱量，身體馬上會拿它來堆積脂肪，於是你就以加倍的速度復胖回來！

　　所有節食減肥後復胖的悲慘故事，原因不外如此。而且廣義來說，吃減肥藥抑制食慾、或者錯誤使用低熱量代餐，也都是節食減肥的一種，因此我總是不斷強調，減肥千萬不要為了求快而誤入歧途。

　　所以減肥期間該吃多少熱量你搞懂了嗎？最安全的範圍就是基礎代謝率以上、每日消耗熱量以下，就不會過度節食，同時又能達到減肥的功效。

我該怎麼吃？
看蔡醫師的健康餐盤就對了

　　了解自己每天可以攝取多少熱量是減肥的第一步，但很多人大概會問：我今天省掉午餐不吃，只喝一杯珍珠奶茶可不可以呢？反正大約都是 500 大卡嘛。這個問題就牽涉到吃什麼的重要性，也就是除了食物的「量」（熱量），也要注意食物的「質」。

認識「熱量密度」

　　還記得我在前面舉過的例子嗎？假設你今天吃了 1 公斤的青菜，它的熱量一般不超過 250 大卡，但可以讓你吃到撐。相對的如果你今天是吃一塊蛋糕，小小一份的熱量可能高達 770 大卡，只會害你囤積脂肪，而且絕對沒有什麼飽足感。

　　這邊我們就可以帶入熱量密度的概念了。借用物理學「質量 ÷ 體積 = 密度」這條公式，我們定義「熱量 ÷ 體積 = 熱量密度」。比如 250 大卡的青菜、體積足足有一大把，那青菜的熱量密度就非常低；而 770 大卡的蛋糕、體積只有一小塊，那蛋糕的熱量密度就非常高。

　　看到這邊大家應該明白了，攝取「熱量密度低」的食物，更

有利於減肥。因為這類食物的體積比較大，可以吃得飽，而熱量卻不會過高。我時常鼓勵減肥的學員多攝取原型食物，比如蔬菜、水果、糙米、燕麥、瘦肉、大豆等等，都是熱量密度較低的例子。

那為什麼食物的熱量密度會有高低的差異呢？其實「水分」和「膳食纖維」是一大關鍵。原型食物通常都富含水分、膳食纖維或兩者兼具，所以會有比較大的體積，吃下去也比較有飽足感，還可以幫助排便！

至於熱量密度高的食物，特別是加工食品，又是什麼原因呢？在營養學上，「油脂」可以說是熱量密度最高的食物，因為1公克的油脂可以提供9大卡的熱量（1公克的碳水化合物只有4大卡熱量，1公克的蛋白質也是4大卡）。加工食品比如麵包、蛋糕、炸雞、薯條等等，除了含有碳水和蛋白質之外，其實都暗藏了過多的油脂。比如每100公克的馬鈴薯熱量才不到100大卡，但如果炸成薯條，熱量馬上就提升到300大卡，等於熱量密度大幅提升三倍，對於減肥實屬不利（雖然它真的很好吃）。還有一些看似無害的絞肉製品，比如水餃、香腸、貢丸等等，雖然不是油炸，但其實絞肉本身就是油脂偏多的肉品，減重期間最好少吃為妙。

在這邊要順便提醒，酒精常被誤會成是碳水化合物，其實不然，1公克的酒精可以提供7大卡的熱量，在分類上是比較接近油脂的，請注意「喝酒的熱量不輸給喝油」，所以大量飲酒的人挺著一個啤酒肚，一點都不意外。

我向來主張「減肥一定要先吃飽」，其實道理很簡單：正餐沒吃飽的人，往往容易時常肚子餓、嘴饞，結果隨手抓取熱量密

度較高的零食來吃（相信我，隨手能拿到的通常都是加工食品），反而更容易胖。如果三餐都用熱量密度較低的原型食物把自己餵飽，吃零食的機會就能大幅降低。

說到零食，如果你無法克服愛吃零食這一點，在這裡提供一個方法：請把那些零食都藏在不顯眼的地方吧！可以的話甚至家裡不放任何零食，想吃的時候才去買，瘦身成果一定會更好。

這建議聽起來很搞笑，實際上效果可能遠遠超你的想像。因為許多人吃零食已經變成反射動作了，只要坐著看電視、或者一邊打電腦，就會一邊吃隨手可拿到的零食。因此增加吃零食的困難度，讓吃零食這件事從反射動作變成一個複雜度較高、需要思考的動作，那你的理性思考就有可能戰勝本能反射，達到少吃零食的目的。

健康飲食，真的沒那麼難

接下來你一定會問：說了這麼多理論，那到底要怎麼吃、又該如何設計自己的健康飲食呢？當然我們還是需要用一些具體的例子來說明。

重點1、蔬菜無限量，至少應該佔餐盤的一半以上。

健康飲食的第一步就是吃夠蔬菜！因為外食族最常見的的死穴就是蔬菜不夠，甚至很多自己備餐的人也從來沒有吃夠蔬菜。要注意玉米、地瓜、馬鈴薯這些都算是澱粉，不是蔬菜喔，請勿搞錯。

多吃蔬菜的好處如下：第一，蔬菜熱量很低、體積又大，可以加強飽足感，胃裡就沒有太多空間裝下其它高熱量食物。第二、蔬菜可以延緩消化吸收，才不會很快就餓。第三，膳食纖維能幫助排便。第四，膳食纖維能養出好的腸內菌。第五，植化素有助於降低膽固醇……，實在不勝枚舉。為了鼓勵自己多吃蔬菜，我個人吃菜的份量不設上限，而且我用餐的時候會先從蔬菜開始吃，吃個五到七分飽，然後才吃肉跟飯。

外食族要怎麼增加蔬菜攝取量？老實說並不容易，但還是要努力克服。先提供兩個辦法，第一、花錢，每次外食多點一盤燙青菜，至少能提供基本的攝取量。第二、自己預先準備蔬菜，比如在家先燙好大量青菜放冰箱，或直接買好生菜、大番茄等等，需要的時候隨時用保鮮盒帶一些出門吃。

重點 2、優良蛋白質，佔餐盤的四分之一。

蛋白質是增肌減脂的關鍵營養素，先做簡單的重點提示：第一，對健康最有益的首選是植物性蛋白，如大豆類（包括黃豆、毛豆、黑豆）以及豆腐、無糖豆漿等等。第二，油脂含量較低的白肉也是優良選擇，如雞肉、魚肉、海鮮。第三，油脂含量較高的紅肉，如牛肉、豬肉等等，也可以吃，但必需學習避開高油脂的部位。第四，最好別吃加工肉品，比如香腸、熱狗、培根、貢丸、餃類、包子等等，所有絞肉製品以及油炸肉品都應該盡量避開，因為它們的油脂含量都遠大於蛋白質。我有整理出一系列的肉品油脂比較圖讓大家參考（請參考 p.216 附錄），足以當作傳家之寶收藏。

再補充一點：如果要用牛乳來補充蛋白質，我強烈建議喝低脂奶、脫脂奶或者乳清蛋白來取代全脂牛奶。畢竟我們需要的是蛋白質以及鈣質，而不需要那些多餘的油脂。

重點 3、原型好碳水，佔餐盤的四分之一。

碳水化合物包括糖和澱粉，很多人以為減肥不能吃澱粉，實在是大錯特錯的觀念。澱粉當然可以吃，只是「質」跟「量」要搞清楚，我個人認為澱粉從優到劣的順序依次為：第一，原型澱粉，如五穀飯、糙米飯、地瓜、南瓜等。第二，白飯。對，你沒看錯，很多人把白飯視為洪水猛獸，但我不這麼覺得。白飯只是膳食纖維和維生素的含量比較少罷了，它的熱量並沒有比糙米飯高，況且，不吃白飯的人通常只會去吃一些更糟糕的東西，比如後面我要說的這兩項。

第三，麵食類，麵體本身在製作過程中就會加入一些油脂，做成拌麵料理的話，添加的油脂更是驚人。如果有人非吃麵不可，最好是選白麵優於黃麵、湯麵優於乾麵，並且盡量不要喝湯。第四，麵包、吐司、餅乾、糕點類，這是加工程度最高的澱粉（精緻澱粉），裡面暗藏著大量糖油鹽，為了你的健康跟身材，還是趕快避開它們吧。

說到「量」的問題，那飯可以吃多少呢？女生一餐吃半碗飯（約 100 克），男生吃一碗（約 200 克）並不算多，但我建議飯要留在後面吃。當你先吃完大量蔬菜，應該已經五到七分飽了，再吃肉跟飯就會很飽，應該也吃不下太多飯才對。如果真的沒吃飽，我建議飯量固定不要追加，同時蔬菜跟蛋白質則加量，試個

幾天你就能大概抓到自己的食量了。

　　提醒一下別吃「炒飯、炒麵、飯糰」這些食物，它們通常都含有超多的澱粉以及油脂，卻只有少量的蔬菜跟蛋白質，是減肥的大地雷無誤。

　　水果也屬於碳水化合物，我放在這邊一起解說。很多人認為減肥不能吃水果，我並不認同，雖然水果含有糖分，但也富含膳食纖維與維生素，對健康有益。只是份量必須注意，建議每天兩份以內（一份水果是飯碗裝八分滿、或一個拳頭大、或以 100 克估算），並且納入一天的碳水攝取量之中。有哪一種水果是特別不能吃的嗎？沒有！只要控制好份量，即使是糖尿病友也可以吃水果。

　　最後依舊要鼓勵大家喝水。水分攝取量最好達到體重 x 30 c.c. 以上，比如 60 公斤的人就喝到 1800 c.c. 或更多。這裡的水分可以包括白開水、氣泡水、無糖茶飲、黑咖啡等等不含熱量的飲品。但是絕對不建議喝含糖飲料或果汁（對，果汁也屬於含糖飲料），更要注意蜂蜜、黑糖都是屬於糖，不是什麼減肥聖品。

　　很多人問到「代糖」可不可以吃？我對於代糖（或甜味劑）的看法是傾向中立的：並不是吃代糖的人就一定會變瘦，但是代糖也未必會對身體有危害。我自己時常喝含有代糖的乳清蛋白，也偶爾會喝用代糖調味的汽水，它們並不會對我的飲食計畫造成影響。

　　在這邊用幾張圖來示範蔬菜、蛋白質、碳水的比例該怎麼分

配。圓形餐盤只是一個概念，不管你是用方型餐盤、還是便當盒，只要把「蔡醫師的健康餐盤」原則記在心中，配合後面章節教的熱量計算等等概念，一定可以讓減脂無往不利。

◆ 蔡醫師的健康餐盤 ◆

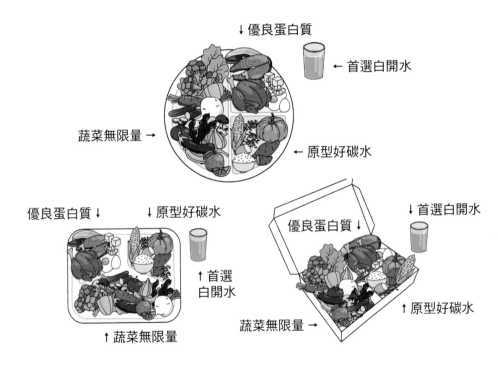

回到最前面大家的疑惑，一份健康餐點和一杯手搖珍珠奶茶，熱量同樣是 500 大卡，但兩者對身體造成的影響一樣嗎？

就拿我自己按照健康餐盤飲食的照片為例，我的一餐包含炒

青江菜、烤茭白筍、鹽烤鯖魚、烤雞腿排、無骨牛小排兩小片、蕃茄蕈菇豆腐湯、白飯半碗。看起來不但非常「澎湃」，而且符合健康飲食餐盤的原則：蔬菜（青江菜和茭白筍）佔據餐盤的1/2，白米飯佔 1/4，此外由於有健身的需求，所以蛋白質（雞肉、牛肉、魚肉）比例會超過 1/4。而且其中不含任何加工食品。

◆ 蔡醫師健康餐盤示範 ◆

這樣豐盛的一餐會不會熱量很高呢？炒青江菜約 25 大卡，烤茭白筍約 25 大卡，鹽烤鯖魚約 50 大卡，烤雞腿排與無骨牛小排兩小片共約 200 大卡，白飯半碗約 150 大卡，蕃茄蕈菇豆腐湯約 50 大卡，總計熱量共 550 大卡，比一杯珍珠奶茶還要少，但營養價值實在相差太多了。

前者餐盤讓我吃得營養均衡，大量纖維素幫助消化順暢、豐富蛋白質有助於肌力訓練後的肌肉成長。後者呢？喝下去的就只

有大量糖份、油脂以及各種不明化學添加物，長時間累積的代價就是換來肥胖、痛風、脂肪肝、甚至糖尿病。這也是身為新陳代謝專科醫師的我，總是勸人戒除含糖飲料的原因。

先避開三大地雷就好

　　如果你認為以上太複雜，需要花點時間好好消化跟理解，那麼我推薦首先做到避開地雷食物：含糖飲料、炸物、精緻澱粉。這不光是為了減肥，而是養成健康的飲食習慣；飲食習慣不錯的人，基本上都不會胖到哪裡去才對。

地雷1、含糖飲料

　　大家都知道含糖飲料會讓人發胖，過多的糖分會轉變成脂肪囤積。不僅如此，手搖飲料大量使用的高果糖糖漿，非常難以被人體代謝轉換成能量，反而是特別容易囤積在肝臟形成脂肪肝，也時常引發高尿酸血症以及痛風的問題，對身體造成二度傷害。

　　用「萬惡」來形容含糖飲料絕對不誇張，含糖飲料會造成血糖上升，身為糖尿病專科醫師，我不知看過多少病患身受含糖飲料的茶毒，只能搖頭嘆息。血糖長期失控往往出現腎臟病（洗腎）、神經病變（截肢）、視網膜病變（瞎眼）、心臟病（心肌梗塞）等等併發症，上述任何一項併發症發生在病患身上，拖垮的可能是一整個家庭。如果我們毫不在意含糖飲料這朵惡之花，那它最後一定會結出惡之果。

　　很多人覺得吃糖讓人愉悅、精神好，但其實血糖驟升驟降之

後，只會讓你更加無精打采，然後又更想吃糖，長期下來形成「糖癮」的惡性循環。一般人在下定決心戒糖的初期可能會不太適應，有一種毒癮發作的感覺，但只要完全不碰含糖飲料一兩週，就會覺得身體愈來愈輕鬆自在。時間久了之後，你偶爾喝到含糖飲料反而會覺得甜到不舒服呢！

地雷 2、炸物

過量的油脂在消化吸收之後會跑去哪裡？當然是跑到你身上去囉，脂肪細胞日漸生長茁壯，變胖一點都不冤枉，而且我們在前面的文章提到，過多的脂質代謝物容易導致胰島素阻抗，造成後續一連串的疾病。此外，油炸食物的用油通常都屬於飽和脂肪酸，吃了很可能會有膽固醇上升以及造成心血管疾病的風險。

地雷 3、精緻澱粉

精緻澱粉是指麵包、蛋糕、餅乾等等經過加工的澱粉類食品，通常吃了精緻澱粉就等於吃下了大量糖分和油脂，有點像是前面兩項地雷食物的合體。認為麵包、餅乾很健康的人，可以說是貨真價實的「食盲」無誤。澱粉不是壞東西，但我主張以原型、少加工的澱粉為主，比如燕麥、糙米、地瓜、馬鈴薯等等，吃這些絕對都好過於吃精緻澱粉。

以上所述就是最基本的原則，無論你是要減肥、改善三高、還是改善胰島素阻抗、改善多囊，從避開三大飲食地雷下手就對了。

健康飲食其實是一種生活態度

　　健康飲食的基本原則就寫到這邊，後面的文章還會提到許多執行細節。但我想先強調一個觀念：健康飲食其實是一種生活態度。

　　一般人往往把減肥當做一個短期任務，所以最常用的方式就是節食減肥，更急於成功者就會吃減肥藥、購買瘦身產品。雖然短時間內體重確實減輕了，但最終都是加倍復胖收場。相反的，如果是以「健康飲食」為目標，每一餐都提醒自己要吃得均衡、營養、低熱量，讓它成為自然而然的習慣，那麼就算不用刻意減肥也能輕鬆維持身材，更不會有什麼復胖的問題。

　　有人說，這樣不就沒辦法享受美食了嗎？甚至有人說，避開這些美味的地雷食物，人生還有什麼樂趣呢？嗯，其實當個快樂的胖子最有樂趣了，不需要這麼辛苦減肥吧（愛開玩笑）。反正也沒有人逼你，真的不用一邊吃著地雷食物，一邊嚷嚷著要減肥啦（硫酸爆棚）。

　　言歸正傳，我們當然不是不能享受美食呀！我也時常參加聚餐活動，但是只要平常熱量控制得宜，假日偶爾奢侈一下又何妨？比如跟家人慶生吃了一頓大餐，然後又續攤去夜市吃消夜，我也完全不擔心身材走樣，因為在接下來的幾天裡只要恢復正常飲食、配合適度運動，我有把握很快就能把熱量消耗掉。羨慕嗎？其實只要掌握健康飲食的原則，每個人都可以做到！

記錄吃多少和吃什麼，
先看清熱量，也看懂食品營養標示

　　前面用了很多篇幅解釋「該吃多少」和「該怎麼吃」，但我相信大家記性都不太好，常常不記得自己吃了什麼地雷食物（是忘記了，還是害怕想起來？）。想要減肥，最重要的心態就是必須面對現實，並且做出改變、甚至強迫自己做出改變。在這條改變的路上，建議有幾項能力是必須學會的，包括飲食紀錄、熱量計算，以及看懂食品營養標示的能力。

學會算熱量

　　「減肥到底需不需要計算熱量？」應該是個永遠爭論不完的話題，有些人認為熱量計算是老舊的觀念、無助於減肥，但我個人是屬於比較務實的派門，認為熱量計算仍然是非常實用而且有效的工具。

　　打個比方來說，我今天要從高雄出發去台北，可選擇開車、可以坐火車、當然也可以多花一點錢坐高鐵，但我如果什麼工具都不會用，就只能走路去了。走路能不能到台北？當然可以，就是辛苦一點、多花幾天的時間罷了。減肥也是一樣，如果你什麼

工具都不會用，也是有機會可以成功，但如果我們掌握了熱量計算這個工具，減肥一定可以事半功倍！

　　再者，如果沒有詳細的飲食紀錄，光憑印象是無法準確算出熱量的。比如隨手拿來就吃的點心飲料，你可能覺得微不足道，但積少成多就會變成你瘦不下來的主因。

　　所以下次再有人抱怨：「我都沒什麼吃也會胖！」，我們只要誠懇又直白的問他一句：「請問你一天吃進多少熱量呢？」保證他回答不出來，只會支支吾吾的說自己「吃很少」。這時候如果能檢視飲食紀錄，就會真相大白了。「吃很少」可能是真的，但是吃的都是熱量密度高的加工食品，導致份量很少吃不飽，熱量卻早已超標。

　　好吧，終於要進入正文了，我們先來建立基本概念：食物分為六大類，也就是下頁圖中衛生福利部「每日飲食指南」裡面這六大類。

　　請注意一點，圖中各大類食物的份量範圍落差很大，比如全穀雜糧類建議 1.5 到 4 碗，那我們到底要吃 1.5 碗還是 4 碗？很簡單，這你時候我們就要參考前面章節所算出來自己的基礎代謝率（BMR）和每日消耗熱量（TDEE），就有概念知道自己該吃多少份量了。

　　現在我們就來講解六大類食物的熱量計算方式吧！

◆ 衛生福利部「每日飲食指南」107 年版 ◆

資料來源／衛生福利部國民健康署

　　1、**全穀雜糧類（主食類）**：一碗白飯 280 大卡（家裡普通大小的碗，約 250ml，千萬不要拿碗公），一碗白飯等於四份主食，一份主食 70 大卡 = 1/4 碗白飯（或番薯、芋頭、紅豆、綠豆等）= 半碗麵（或稀飯、冬粉、米粉）= 1 個小型饅頭 = 1 個小餐包 = 1 片吐司 = 2 片蘇打餅乾 = 3 張水餃皮 = 6 張餛飩皮。如果不喜歡吃白飯，可以自己用其他主食代換計算，不過還是盡量以原型食物為優先。

　　2、**豆魚蛋肉類（蛋白質類）**：一份肉類是以一兩（37.5 克）來計算，目測大概是半個手掌或三根手指大小。一份低脂肉類（如

海鮮、雞胸肉、里肌肉）＝ 55 大卡。 一份中脂肉類（如豬腳、豆腐、雞蛋）＝ 75 大卡。 一份高脂肉類（如五花肉）＝ 120 大卡。若是大腸、蹄膀這些超高油脂的肉類，一份要算超過 150 大卡。

　　3、青菜類：生重量 100 克是一份，煮熟大約半碗或一碟（直徑 15 公分的碟子，大約大拇指與食指張開的長度）。其實青菜熱量很低，一份只有 25 大卡。主要是取決於烹調方式，用的油脂量才是熱量重點，例如炸蔬菜天婦羅和淋上肉燥的燙青菜，熱量就會暴增數倍。另外要注意，玉米、馬鈴薯、地瓜、山藥這些都屬於澱粉類主食，不算是蔬菜喔！

　　再次重申，外食族最普遍也最大的問題就是青菜量太少！每日建議量是 3-5 碟，外食族可能連建議量的一半都不到，但增加青菜量是減肥的一大關鍵！**建議進食時的順序可以先吃青菜、再吃肉、最後配飯**，就是先用高纖維且低熱量的青菜增加飽足感，接下來其他相對高熱量食物就不會吃過頭。

　　4、水果類：一份是飯碗裝八分滿、或一個拳頭大、或以 100 克估算，約 60 大卡。減肥期間的水果攝取量建議在兩份以內，沒有特別限制種類。只要分量控制得宜，糖尿病患者吃水果也沒問題。因為水果天然的糖分及熱量其實不會比加工食品高，只要注意份量適中就好。還有個小技巧：在不方便取得青菜的狀況下，也可以將水果挪到飯前先吃，能有效增加飽足感，部分取代青菜的功效（當然份量不宜多，畢竟水果的熱量是大於青菜的）。反之，如果是吃飽飯後還要硬塞水果，那就只會徒增熱量而已。

5、**奶類**：大約 240ml 是一份。全脂奶一份是 150 大卡、低脂奶一份是 120 大卡、脫脂奶一份是 80 大卡。 愛喝奶茶、拿鐵咖啡的朋友，即使不加糖，也不要忘記計算奶類的熱量喔。

6、**油脂與堅果種子類**：一份油脂是 45 大卡，一份＝ 1 茶匙油（包括沙拉油、橄欖油等，都是以 5 公克計）＝ 1 湯匙鮮奶油＝ 1 片培根＝ 5 粒腰果／杏仁果＝ 10 顆花生／開心果。 一般小吃攤的塑膠湯匙是 15ml，所以每匙就是 3 份油脂＝ 135 大卡，我們吃外食的時候往往可以撈出好幾湯匙的浮油，其中每 1 湯匙就等於 135 大卡，知道外食多恐怖了吧！此外，堅果與種子類本身富含營養素，但要注意分類上也是屬於油脂、熱量偏高，請酌量食用，不要一次就吃掉一大桶堅果。

講到後面你已經忘記前面了嗎？沒關係，其實衛生福利部也有將六大類食物的熱量估算以及三大營養素成分製作成右邊這個食物代換表。各位可以將表格中熱量的部分，配合我的文字敘述來看，應該就能看懂了。至於蛋白質、脂肪、醣類等營養素的欄目，我們很快就會在後面的文中談到。

◆ 食物代換表 ◆

品名 （單位：每份）	蛋白質 （公克）	脂肪 （公克）	醣類 （公克）	熱量 （大卡）
乳品類（全脂）	8	8	12	150
（低脂）	8	4	12	120
（脫脂）	8	+	12	80
豆、魚、蛋、肉類				
（低脂）	7	3	+	55
（中脂）	7	5	+	75
（高脂）	7	10	+	120
全穀雜糧類	2	+	15	70
菜類	1		5	25
水果類	+		15	60
油脂與堅果種子類		5		45

「+」表微量。有關主食類部分，若採糖尿病、低蛋白飲食時，米食蛋白質含量以 1.5 公克，麵食蛋白質以 2.5 公克計。

資料來源／衛生福利部國民健康署

看完以上解析，大家應該都能初步掌握熱量估算的原則，以下就用圖當範例做練習吧！為了便於計算，我會建議將各種食物的熱量皆化為整數，不去計較少量誤差（如果想要精準計算，強烈建議搭配「電子秤」使用）。

◆ 蔡醫師熱量計算示範 ◆

上圖熱量計算：花椰菜燉蘑菇 50 大卡，烤雞胸肉 150 大卡（約三份低脂肉類），白鯧魚 100 大卡（約兩份低脂肉類），白飯半碗 150 大卡，菜頭排骨湯 50 大卡。總計 500 大卡。

當然，熱量計算也有其限制，像是複合食物、精緻食物，就很難精確計算熱量。一般會將它們拆解成各種成分，一一計算熱量之後再加總，比如吃一份炸豬排丼飯，裡面除了豬肉跟白飯，還有油炸麵衣、醬汁、蛋汁、勾芡等等，這些材料的份量我們難以得知，所以熱量也只能估計個大概而已。反過來思考，如果想要順利減肥，就盡量避開這些複合性的食物吧！

減肥該喝全脂還是低脂牛奶？

　　先做名詞解釋，「鮮乳」是指牛身上擠出來的奶（廢話），經過稍微加工，比如殺菌、脫脂等等程序之後製成。通常我們把鮮乳歸類為原型食物，在包裝上都會貼有鮮乳標章。「乳飲品」則不同，主要是用奶粉重新調製出來的產品，價格便宜一些，不過大多含有添加物，比如香料、糖分、甚至奶油等等，所以我會視為加工食品，比較不推薦。雖然兩者都被統稱為牛奶，不過消費者務必分清楚「鮮乳」跟「乳飲品」的不同，購買的時候也請看清楚成分表以及營養標示，以免誤食地雷。

　　回到問題，減肥時該喝全脂還是低脂比較好？先說結論：全脂鮮乳的脂肪含量很高，以市售一杯 290 c.c. 的鮮乳為例，全脂鮮乳的熱量189 大卡、蛋白質 9.3 克、脂肪 10.7 克、糖分（乳糖）13.9 克。其中脂肪的熱量為 96.3 大卡，你會發現脂肪佔總熱量的比例剛好略高於 50%。相同份量的低脂鮮乳熱量是 129大卡，蛋白質和糖分不變，脂肪則減少到 4.1 克，佔 36.9 大卡。所以兩邊相差約莫 60 大卡，而且都是來自於脂肪的熱量。

　　減肥期間有差這幾十大卡嗎？有差，尤其當你正在進行減脂的時候、尤其這幾十大卡都是來自於脂肪的時候；況且你不會只喝今天這一杯，別小看日積月累之下帶來的影響。重申一下：鮮乳是個好東西，它可以補充蛋白質、鈣質和維生素，但如果不想要喝進多餘的脂肪，建議在減肥期攝取低脂鮮乳、低

脂的乳製品（優格、起司等等），或者脫脂鮮乳、乳清蛋白，都是不錯的選擇。

　　題外話，曾看過有農場文章寫說「低脂鮮乳會用澱粉填充」，其實是非常荒謬的言論，有沒有澱粉只要看成分表就能一目了然。但如果你喝的是「乳飲品」就很難講，各種的添加物如同前述，所以購買之前一定要睜大眼睛看仔細。

　　也許還有人看過「喝全脂牛奶的人會變瘦」這樣的農場文章：有一些大規模的研究發現，平常都喝全脂牛奶的人，經過若干年之後變胖的人較少；反而喝低脂牛奶的人變胖的比率較高。

　　為什麼會有這樣的事情呢？蔡醫師戲稱為「牛奶悖論」，老話一句：關聯性不等於因果關係。不可否認，的確有些研究發現「喝全脂牛奶的人比較沒發胖」，但這句話絕對不等於「因為喝全脂牛奶所以沒發胖」，畢竟這些研究是以回溯性或者觀察性為主，缺乏證據等級較高的隨機對照試驗。評估一個人是否發胖，關鍵還是在於一整天的熱量有否超標，而不是只看喝全脂或者低脂牛奶。比如某個人一整天都吃生菜沙拉，然後配全脂牛奶，而另一個人每天吃炸雞披薩，然後配低脂牛奶降低罪惡感（各位讀者有沒有中槍？）。所以，胖瘦的結果並不能只用牛奶來推論，重點還是要回歸到一整天下來的飲食內容。

看懂食品營養標示

　　逛超市採購食品、在便利商店解決三餐的時候，「食品營養標示」絕對是幫你避開飲食地雷的避雷針，也是協助你做好飲食紀錄的好幫手。以下幾個重點提醒，你一定要知道！

1、份量

　　吃東西首先要看的就是總熱量，這時候一定要注意「本包裝含幾份」的陷阱！比如每份熱量 200 大卡好像很少，其實一個包裝裡面有五份，那總熱量就是 1000 大卡，吃下去不胖才有鬼。

營養標示		
每一份量　　公克（或毫升） 本包裝含　　份		
	每份	每 100 公克 （或每 100 毫升）
熱量	大卡	大卡
蛋白質	公克	公克
脂肪	公克	公克
飽和脂肪	公克	公克
反式脂肪	公克	公克
碳水化合物	公克	公克
糖	公克	公克
鈉	毫克	毫克
宣稱之營養素含量	公克、毫克或微克	公克、毫克或微克
其他營養素含量	公克、毫克或微克	公克、毫克或微克

2、熱量

我們斤斤計較的熱量，通常都會用「每份多少大卡」和「每100 公克多少大卡」兩種形式來呈現，總之一定要配合「本包裝含幾份」的概念來看總熱量，才不會誤觸地雷。

營養標示		
每一份量　　公克（或毫升） 本包裝含　　份		
	每份	每 100 公克 （或每 100 毫升）
熱量	大卡	大卡
蛋白質	公克	公克
脂肪	公克	公克
飽和脂肪	公克	公克
反式脂肪	公克	公克
碳水化合物	公克	公克
糖	公克	公克
鈉	毫克	毫克
宣稱之營養素含量	公克、毫克或微克	公克、毫克或微克
其他營養素含量	公克、毫克或微克	公克、毫克或微克

3、蛋白質

　　蛋白質是我們增肌減脂的好朋友，可是一般人的蛋白質攝取量卻普遍不足。要注意不是吃多少的「肉」就等於攝取多少「蛋白質」喔，這觀念請務必釐清，前面就有提到，吃一兩肉（37.5克）才大約攝取 7 公克的蛋白質。

營養標示		
每一份量　　公克（或毫升）		
本包裝含　　份		
	每份	每 100 公克 （或每 100 毫升）
熱量	大卡	大卡
蛋白質	公克	公克
脂肪	公克	公克
飽和脂肪	公克	公克
反式脂肪	公克	公克
碳水化合物	公克	公克
糖	公克	公克
鈉	毫克	毫克
宣稱之營養素含量	公克、毫克或微克	公克、毫克或微克
其他營養素含量	公克、毫克或微克	公克、毫克或微克

4、脂肪

　　脂肪常常讓人聞之色變，以熱量來説每公克脂肪可以產生的 9 大卡，是三大營養素之中熱量密度最高的，所以攝取過量脂肪的確會是減肥的大敵。其中的「飽和脂肪」以及「反式脂肪」，目前被認為是造成膽固醇上升的元兇之一，請務必減少攝取。

營養標示		
每一份量　　公克（或毫升） 本包裝含　　份		
	每份	每 100 公克 （或每 100 毫升）
熱量	大卡	大卡
蛋白質	公克	公克
脂肪	公克	公克
飽和脂肪	公克	公克
反式脂肪	公克	公克
碳水化合物	公克	公克
糖	公克	公克
鈉	毫克	毫克
宣稱之營養素含量	公克、毫克或微克	公克、毫克或微克
其他營養素含量	公克、毫克或微克	公克、毫克或微克

5、碳水化合物

碳水化合物的範圍很廣，通常會標示出來的包括「糖」以及「膳食纖維」（本圖沒有列出）。膳食纖維幾乎沒有熱量、又可以幫助排便，一般會建議多多益善。而空有熱量、沒有營養的糖，是減肥的一大阻礙，絕對要減少攝取。

至於糖的攝取量，世界衛生組織建議，游離糖攝取量應低於每日總熱量之 10%，最好可以降低至 5% 以內。若以成人每日所需熱量 2000 大卡為例，則游離糖之熱量最好可以降低至 100 大卡以內，即 25 公克的糖，約等於 5 顆方糖的份量。但是市售 700 毫升奶茶的含糖量大約有 50 公克，喝一杯就等於吃下 10 顆方糖（再加上珍珠的話鐵定嚴重破表）。

營養標示		
每一份量　　公克（或毫升） 本包裝含　　份		
	每份	每 100 公克 （或每 100 毫升）
熱量	大卡	大卡
蛋白質	公克	公克
脂肪	公克	公克
飽和脂肪	公克	公克
反式脂肪	公克	公克
碳水化合物	公克	公克
糖	公克	公克
鈉	毫克	毫克
宣稱之營養素含量	公克、毫克或微克	公克、毫克或微克
其他營養素含量	公克、毫克或微克	公克、毫克或微克

6、鈉

　　鈉含量即代表我們所熟知的鹽分，1毫克的鈉可換算為 2.5 毫克的鹽。鹽分沒有熱量、並不會讓人變胖，但是鹽分攝取過多可能會加重腎臟的負擔、造成血壓不易控制，有礙健康。對鹽分敏感的族群也容易因此水腫，體重帳面上的數字就會降不下來。

　　台灣衛福部建議成年人每天鈉攝取量最好不要超過 2400 毫克，約等於 6 公克的鹽。世界衛生組織建議成人每日鹽份的攝取量小於 5 公克。兒童的攝取量必須更低。

營養標示		
每一份量　　公克（或毫升） 本包裝含　　份		
	每份	每 100 公克 （或每 100 毫升）
熱量	大卡	大卡
蛋白質	公克	公克
脂肪	公克	公克
飽和脂肪	公克	公克
反式脂肪	公克	公克
碳水化合物	公克	公克
糖	公克	公克
鈉	毫克	毫克
宣稱之營養素含量	公克、毫克或微克	公克、毫克或微克
其他營養素含量	公克、毫克或微克	公克、毫克或微克

　　接下來我們用幾個實例來解說，讓你對食品營養標示更熟悉：

無糖豆漿 vs 一般豆漿

營養標示		
每一份量　400 毫升		
本包裝含　1份		
	每份	每 100 毫升
熱量	146 大卡	36.4 大卡
蛋白質	13.2 公克	3.3 公克
脂肪	6.4 公克	1.6 公克
飽和脂肪	1.6 公克	0.4 公克
反式脂肪	0 公克	0 公克
碳水化合物	8.8 公克	2.2 公克
糖	1.7 公克	0.4 公克
鈉	32 毫克	8 毫克
膽固醇	0 毫克	0 毫克

營養標示		
每一份量　400 毫升		
本包裝含　1份		
	每份	每 100 毫升
熱量	210 大卡	52.5 大卡
蛋白質	12.4 公克	3.1 公克
脂肪	6.8 公克	1.7 公克
飽和脂肪	1.6 公克	0.4 公克
反式脂肪	0 公克	0 公克
碳水化合物	24.8 公克	6.2 公克
糖	20 公克	5 公克
鈉	32 毫克	8 毫克
膽固醇	0 毫克	0 毫克

　　同樣為 400 毫升，無糖豆漿的含糖量 1.7 公克，有糖豆漿的含糖量 20 公克，相差超過十倍。兩邊總熱量的差距雖然只有 64 大卡，但幾乎全部都是游離糖所貢獻的，不可不慎！

麥芽調味乳 vs 果菜汁

營養標示		
每一份量　400 毫升		
本包裝含　1份		
	每份	每 100 毫升
熱量	279 大卡	69.7 大卡
蛋白質	7.2 公克	1.8 公克
脂肪	10 公克	2.5 公克
飽和脂肪	6.8 公克	1.7 公克
反式脂肪	0 公克	0 公克
碳水化合物	40 公克	10 公克
糖	37.6 公克	9.4 公克
鈉	200 毫克	50 毫克

營養標示		
每一份量　400 毫升		
本包裝含　1份		
	每份	每 100 毫升
熱量	148 大卡	37 大卡
蛋白質	0 公克	0 公克
脂肪	0 公克	0 公克
飽和脂肪	0 公克	0 公克
反式脂肪	0 公克	0 公克
碳水化合物	37 公克	9.3 公克
糖	33 公克	8.3 公克
鈉	100 毫克	25 毫克

其實這兩樣在我眼中都是 NG 食品，麥芽調味乳含糖 37.6 公克，脂肪 10 公克，顯然是一個增肥的聖品。另外那個叫人家均衡一下的果菜汁，除了含糖 33 公克以外什麼也沒有，我覺得直接吃青菜跟水果比較實際。

零脂希臘優格 vs 希臘式優格（蜂蜜口味）

營養標示		
每一份量	181.4 公克	
本包裝含	5 份	
	每份	每 100 公克
熱量	105 大卡	58 大卡
蛋白質	18 公克	10 公克
脂肪	0 公克	0 公克
飽和脂肪	0 公克	0 公克
反式脂肪	0 公克	0 公克
碳水化合物	8 公克	4 公克
糖	5 公克	3 公克
鈉	80 毫克	44 毫克
鈣	181 毫克	100 毫克

營養標示		
每一份量	150 公克	
本包裝含	1 份	
	每份	每 100 公克
熱量	200 大卡	134 大卡
蛋白質	6.2 公克	4.1 公克
脂肪	9 公克	6.0 公克
飽和脂肪	5.8 公克	3.9 公克
反式脂肪	0 公克	0 公克
碳水化合物	23.7 公克	15.8 公克
糖	20.2 公克	13.5 公克
鈣	88 毫克	59 毫克

零脂希臘優格非常受到健身人士的喜愛，看每百克營養標示就知道：蛋白質非常豐富（10 克）、零脂肪、無添加糖（只含 3 克牛奶本身的乳糖）。右邊則是市面上常看到、叫做希臘式優格的產品，蛋白質只有 4.1 克，脂肪偏高有 6 克，而且糖分竟然高達 13.5 克（以每罐 150 克來計算，等於吃下 20.2 克的糖）！雖然零脂希臘優格吃起來比較澀、也不甜，但可加入適量水果或者用代糖增加甜味，都遠遠勝過吃下添加一堆糖分或蜂蜜的它牌希臘式優格。

水餃 vs 湯包

營養標示		
每一份量	220 公克	
本包裝含	1 份	
	每份	每 100 公克
熱量	486 大卡	221 大卡
蛋白質	17.2 公克	7.8 公克
脂肪	26.8 公克	12.2 公克
飽和脂肪	8.6 公克	3.9 公克
反式脂肪	0 公克	0 公克
碳水化合物	43.8 公克	19.9 公克
糖	4 公克	1.8 公克
鈉	748 毫克	340 毫克

營養標示		
每一份量	162 公克	
本包裝含	1 份	
	每份	每 100 公克
熱量	364 大卡	225 大卡
蛋白質	18.8 公克	11.6 公克
脂肪	22 公克	13.6 公克
飽和脂肪	7.9 公克	4.9 公克
反式脂肪	0 公克	0 公克
碳水化合物	22.8 公克	14.1 公克
糖	1.1 公克	0.7 公克
鈉	778 毫克	480 毫克

這兩樣食品也是 NG 界的難兄難弟，水餃一盒 10 顆，熱量就 486 大卡，脂肪 26.8 公克；小籠湯包一盒只有 6 顆，熱量 364 大卡，脂肪高達 22 公克也是不遑多讓（而且沒吃個兩盒根本不會飽）。下次當你在享受「方便美味」的時候，記得先看看食品營養標示喔！

香腸 vs 雞胸肉

營養標示	
每一份量	55 公克
本包裝含	6 份
	每份
熱量	219 大卡
蛋白質	9.4 公克
脂肪	16.5 公克
飽和脂肪	6.6 公克
反式脂肪	0 公克
碳水化合物	8.3 公克
糖	7.2 公克
鈉	520 毫克

營養標示		
每一份量	70 公克	
本包裝含	3 份	
	每份	每 100 公克
熱量	76 大卡	109 大卡
蛋白質	16.2 公克	23.2 公克
脂肪	1.2 公克	1.8 公克
飽和脂肪	0 公克	0 公克
反式脂肪	0 公克	0 公克
碳水化合物	0 公克	0 公克
糖	0 公克	0 公克
鈉	338 毫克	482 毫克

香腸也是絞肉食品的代表，55 公克大約就是便利商店販售的小包裝。其中脂肪 16.5 公克，換算熱量約 149 大卡，佔總熱量的將近七成。雞胸肉則富含蛋白質，而且脂肪極低。

無糖燕麥片 vs 香甜玉米片

營養標示	
每一份量 37.5 公克	
每份	
熱量	152.4 大卡
蛋白質	5.1 公克
脂肪	3.6 公克
飽和脂肪	0.8 公克
反式脂肪	0 公克
碳水化合物	24.9 公克
糖	0.3 公克
膳食纖維	3.7 毫克
鈉	1.4 毫克

營養標示	
每一份量 35 公克	
每份	
熱量	133 大卡
蛋白質	1.8 公克
脂肪	0.2 公克
飽和脂肪	0.1 公克
反式脂肪	0 公克
碳水化合物	31.5 公克
糖	10.5 公克
膳食纖維	0 毫克
鈉	176 毫克

無糖燕麥片，富含蛋白質、膳食纖維、植物性脂肪（不影響膽固醇），吃起來有飽足感，是非常推薦的早餐食材。而香甜玉米片 35 公克之中，游離糖就佔了 10.5 公克，要減肥的人還是少碰為妙。

看完以上教學，是否覺得吃下肚的食物比你想像中有更多學問呢？

我真的很鼓勵大家平常多拍照記錄飲食、多練習計算熱量、多看營養標示，雖然一開始比較麻煩，但是你會愈來愈了解吃進嘴裡的食物，也逐漸熟悉各種食物的成分和熱量。一邊避開飲食

地雷，一邊想想今天是否有均衡攝取各大類營養素。

　　現在更有許多手機 App 能幫忙記錄飲食、計算熱量，比如我最常使用的 MyFitnessPal，非常好用而且免費，下篇就會帶大家一步步來學習如何使用。

用這個 App 就會瘦？
打開 MyFitnessPal 的正確姿勢

　　計算熱量跟營養素，是減肥期間幫助自己更了解飲食內容的重要工作。但是講到計算熱量，一定會有很多人嫌複雜、嫌麻煩，其實我也是這樣覺得（喂），但我有幾個好消息要告訴大家。

　　首先，就像學騎腳踏車一樣，記錄飲食跟計算熱量都是只要學過一次就終生不會忘記的技能。既然你早晚都要學騎腳踏車，那為什麼不早點學呢？而且計算熱量也會讓你更了解食物的組成，讓你徹底擺脫「食盲」身份，戳破「我都沒什麼吃也會胖」的幻覺。

　　再者，現在有很多手機 App，可以把計算熱量的過程簡化許多。本篇就是要向大家介紹 MyFitnessPal 這個好用的 App，請先下載後再跟著一步一步慢慢學習如何操作。

　　先聲明一下，使用免費版的 MyFitnessPal 就可以滿足基本的使用需求了，建議大家先試用一段時間，覺得有進一步需求或者純粹想支持這個軟體，再付費訂購進階功能。

1　打開 App 的起始畫面應該會出現這樣，請點擊左上角的
　　「主選單」。（第一次操作可能系統還會請你設定身高、
　　體重、目標等等，你就照自己的狀況填寫或者跳過，關於
　　目標的設定，後面的步驟會教學。）

2　這就是主選單，一切的功能都可以在這裡看到，接下來
　　我會逐項講解。請先點選「主頁」。

3　好的，又回到我們的起始畫面了，這次我們來點這個「加
　　號」。

4 　4 出現功能選單，眼花撩亂了嗎？別擔心，我建議大家先會使用其中「體重」跟「食品」這兩個功能就好。我們先從體重開始。

5 　5 在紅框處輸入你的體重。記得每天早上都要做這件事喔！

6 　6 有了紀錄，系統會自動幫你畫出趨勢圖。

7 　只觀察一週的趨勢其實意義不大，我建議大家點擊紅框
　處，調整成一個月或兩個月的趨勢。

8 　我們回到主選單，現在要講的是「日記」，也就是非常
　重要的飲食日記。

9 　這是飲食日記的畫面，基本設定就是早餐、午餐、晚餐、
　跟點心這四大類，已經很夠用了，我自己是沒有再做多餘
　設定。我們點擊「加入食品」來做第一筆飲食紀錄吧！

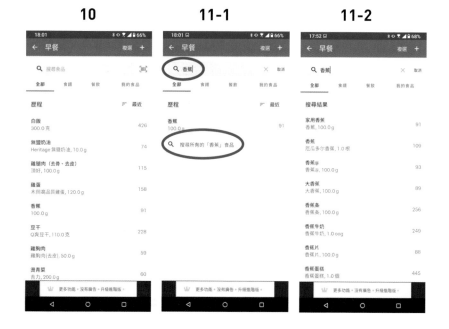

10 這邊會出現你最近輸入過的幾種食品,如果你是第一次使用,應該是一片空白。

11-1 比如我輸入「香蕉」,就會出現許多根香蕉有關的食品。選取一個你覺得最接近的就可以了。若沒有想要的選項,也可以按「搜尋所有的香蕉食品」。

11-2 此時就可瀏覽資料庫裡面的食品清單。

* 特別說明,若你完全對食物的熱量沒概念怎麼辦?請善用 Google 大神,查到的資料再跟這邊的清單交叉比對,通常都能得到不錯的準確度。另外,你不知道自己吃了多少重量又該怎麼辦?請愛用電子秤,出門在外的話就練習使用手掌、手指估算法。雖然飲食記錄一定會有誤差,但準確度絕對遠勝過你自己「想像中」吃進去的熱量。

12-1 \
右上角也有一個「掃條碼」的功能。如果在超市或者便利商店買東西，大多會有條碼，掃一下看看，有多少熱量通通一清二楚。

12-2 \
用方框掃描食品的條碼，就能得到完整資訊囉。

13 \
好，記錄完飲食之後，我們可以點擊日記上面的圓圈圈處。

14-1   14-2

14‑1　Magic！這就是你目前三大類營養素的攝取量。這個畫面很好用，請注意蛋白質、碳水化合物、脂肪這三大營養素，今天還缺哪一種？在這裡一目了然。我建議蛋白質可以吃超標沒關係，但如果顯示碳水或者脂肪超標的話，嗯，請面壁檢討。

* 特別說明，青菜的熱量我通常都不做記錄。一方面是鼓勵自己不要限制吃青菜的份量，其次青菜的熱量本來就不高，與其計算這個，不如省下時間把心思用在分配三大營養素、以及減少不該吃的零食點心！當然，你要把青菜記錄進去也是可以的。

14‑2　左上方的「卡路里」按鈕，可以看到目前吃了多少熱量，以及分配在三餐的比例。

15-1　　　　　**15-2**　　　　　**15-3**

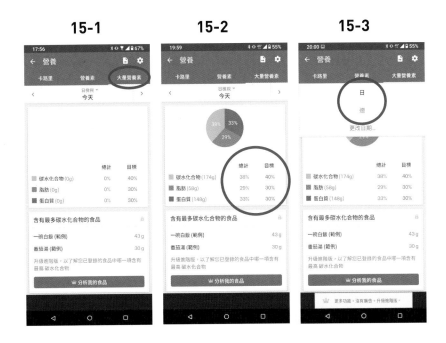

15⁻¹ 右上方的「大量營養素」按鈕，可切換成圓餅圖，看看你吃進去的三大營養素比例，跟自己的理想設定是否相符合。

15⁻² 大家可以觀察／挑戰看看自己是否有達成「碳水40％：蛋白質30％：脂肪30％」的比例。這是我最推薦的減脂飲食比例，步驟20會教大家怎麼在App中設定。

15⁻³ 在「日檢視」的地方按一下，可以點選切換為「週檢視」。

15-4 一週以來的三大營養素比例，一覽無遺。

16 主選單裡的「進展」，其實就是體重趨勢圖，剛剛
已經介紹過了。

17 主選單裡的「目標」，就是初次使用時系統請你設
定的身高體重、以及目標體重等等。

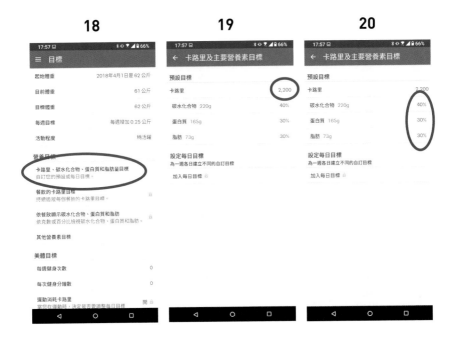

18
值得一提的是這個「卡路里、碳水化合物、蛋白質和脂肪量目標」，請點擊進入。

19
如果依照 App 自動計算的結果，常常會出現很恐怖的「仙女餐」熱量，非常不人道。我建議大家依照前面章節的教學，先算出自己的 BMR 以及 TDEE，然後手動設定一個高於 BMR 而且小於 TDEE 的目標就可以了。

20
三大營養素比例，減脂期間不妨參考我推薦的「碳水 40％：蛋白質 30％：脂肪 30％」這個比例來設定，可能會出現跟你以往的飲食習慣差異非常大的奇妙體驗。

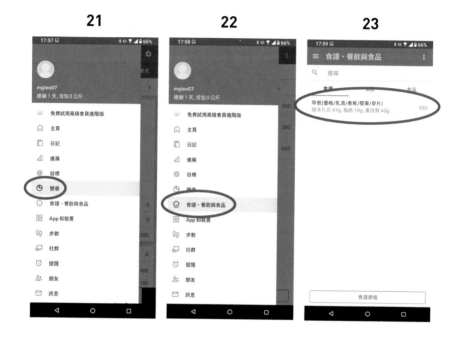

21 主選單裡的「營養」，跟飲食日記裡面那個長條圖、圓餅圖是一樣的，也已經介紹過了。

22 主選單裡的「食譜、餐飲與食品」，是讓你自訂食品的地方。如果某項食品在內建資料庫裡找不到，那就自己設定吧！

23 建議如果你的飲食有固定的組合，比如我的早餐非常固定，所以我直接做一個早餐的食譜組套，然後每天點一次就夠了，不用逐項輸入。

　　講到這邊，其實一般會用到的功能已經介紹得差不多，剩下就要靠你自己累積實作經驗了。一開始記錄飲食會花掉不少時間，但只要每天操作就會變得熟練，速度會加快，熱量計算也會愈來愈精準喔。

　　配合本書前面所教的 BMR 和 TDEE，我們可以先訂出自己每天的飲食目標熱量，然後在開始計算熱量後，你可能會驚覺「怎麼才吃一點點東西熱量就破表！」但這不是壞現象，畢竟有檢討也才有進步、明確量化的數據才能更有效地管理。

　　這時候你可以配合回去翻翻前面教的健康餐盤、避開三大地雷、認識六大類食物等等章節，然後逐步修正自己的飲食內容。然後你可能會發現自己的飲食變得愈來愈「乾淨」，因為把有限的熱量拿去吃那些營養素很少、熱量卻很高的垃圾食物，真的是 CP 值非常差。

　　如果有這樣的體悟，恭喜你已經走在健康飲食的路上，應該也愈來愈能把熱量控制在標準的範圍內了。

想瘦下來的總結：
用減脂金字塔檢視自己做對了嗎？

　　減脂一定要做有氧運動？用特殊飲食法減脂最有效？胖友們在減脂的路上常常會因為眾説紛紜而搞不清楚重點，導致迷失了方向。也許很多方式都可以減脂，但是在重要性的排序上有所不同，抓對重點的人一路減脂順利，劃錯重點的人老是在做白工。

　　本章的最後要幫大家做一個回顧，我想要介紹這個「減脂金字塔」的概念：就像建造金字塔一樣，有穩健的基礎才能往上面繼續延伸。

　　我認為，減脂期間最重要的工作由下而上依次説明如下：

◆ 減脂金字塔 ◆

製造熱量赤字

　　熱量赤字是減脂的必要條件，任何宣稱有效的減肥方式，都必須達成熱量赤字才有辦法成功，絕無例外。「我都吃很少怎麼會沒瘦？」、「我都斷食了怎麼會沒瘦？」原因很簡單，因為沒有達到熱量赤字啊！與其做無謂的爭辯，倒不如趕快檢討自己為什麼沒有達到熱量赤字。關於要吃多少，如何創造熱量赤字，都在前面的篇章說得很清楚囉！

蛋白質＋肌力訓練

　　為什麼增肌減脂期間要多吃蛋白質。我先列出三大理由：

　　首先，蛋白質是構成肌肉最重要的成分。要增肌就一定要吃夠蛋白質，才不會讓肌力訓練的辛勞付諸流水；反之，減脂期間也要吃足蛋白質並且搭配肌力訓練（關於肌力訓練後面的篇章會再詳述），才能精準地減掉脂肪，不會瘦到肌肉。尤其是對本來就缺乏肌肉的泡芙人來說，肌肉量是寶貴的資產，它不只是基礎代謝率的關鍵要素、也是體態緊實的必備條件。

　　其次，蛋白質有最高的「攝食產熱效應」（Diet Induced Thermogenesis）。其實我們的胃腸消化食物也是需要消耗能量的，不過在消化碳水以及油脂的時候耗能比較少，消化蛋白質卻會耗能最多。所以吃蛋白質來取代吃碳水或者油脂，可以讓你在不知不覺中多消耗一些熱量。（附帶一提，吃原型的食物的攝食產熱效應也高過於加工食品喔！）

　　第三，蛋白質能讓你吃得爽又有飽足感。各位也許都有經驗，只吃碳水的話過不用多久就餓了，如果搭配蛋白質一起吃，飽足

感就能撐比較久。況且富含蛋白質的肉類、海鮮等等，誰能抵抗它的美味呢？缺點是荷包會比你先瘦。

吃原型食物

吃垃圾食物可以瘦嗎？其實只要能達到熱量赤字，吃雞排、喝珍奶也是可以瘦的，只是很有可能吃不飽、而且高糖高油脂的飲食會危害健康，這些在篇面的文章都一一解釋過。因此，減脂期間如果以原型食物為主，可以吃的食物份量會充足很多，而且同時攝取到豐富的纖維素、礦物質、維生素等等，能讓你精神變好、身體更健康。

特殊飲食法

如同前面所述，無論用什麼特殊飲食法，一定都要達到熱量赤字才能減脂成功。特殊飲食法一般都強調容易執行、快速瘦身，但是背後其實暗藏著飲食不均衡、難以長期維持的隱憂。如果沒有具備基礎知識，只是胡亂跟風流行飲食法，輕則愈減愈肥、重則賠上自己的健康。如何破解這些流行的飲食法，詳細可參考本書第四章。

有氧運動

有氧可以燃脂，這是毋庸置疑的，只可惜有氧運動的強度通常不足以讓肌肉成長。前面有提到，肌肉量是基礎代謝率以及體態的關鍵，所以我非常強調肌力訓練的重要性。我建議以肌力訓練為主、有氧運動為輔，一定可以讓減脂事半功倍。

補充品

　　琳瑯滿目的補充品只能算是減脂的最後一塊拼圖，佔的比例很低，但很多人會本末倒置，花錢買一堆補充品，最後還是瘦不下來。奉勸各位，先花 95% 的力氣把金字塔下面幾層蓋好，如果還有不滿意，再花 5% 的力氣去追求補充品吧！

　　金字塔的愈底層其實愈重要，做好一層之後再按部就班蓋下一層，才能蓋得穩固，這是大家都懂的道理。減脂也是一樣，假如基礎知識不穩固，卻總是胡亂嘗試減肥產品、或各種流行飲食法，最後會發生什麼悲劇也都在意料之中。

　　當你開始透過這本書建立正確觀念，就像我手把手帶著你蓋好這座金字塔，一步一步完成減脂大業。

你想錯了嗎？10 個迷思狀況大破解

❓ 減肥靠的是意志力？

「**我**的意志力很薄弱，都沒辦法堅持，難怪減肥不成功！」

「少吃多動這些道理我都懂，但我就是做不到。」

「我上班壓力大的時候就想亂吃垃圾食物，有辦法減肥嗎？」

在回答這些問題之前先自賣自誇一下，我經營線上瘦身社團已經 2 年多的時間了，成效跟口碑都非常卓越，所以我要反問一句：難道你覺得這些瘦身成功的學員，每個人都是不用上班、然後每天快樂沒壓力、而且意志力超強嗎？當然不可能，有這種人的話還需要參加瘦身班嗎？

那再問問大家，如果沒有正確觀念，光憑超級強大的意志力會怎樣？

許多想要快點瘦下來的人，幾乎都選擇了仙女餐（極低熱量飲食）這種土法煉鋼的減肥方式。想像一下你靠著強大的意志力堅持餓肚子，最後會怎麼樣呢？飢餓瘦身法減掉的不會只有脂肪而已，你還會耗損寶貴的肌肉，變成一個泡芙人。而且吃不飽也會讓你精神不濟、無法集中注意力，甚至脾氣暴躁、也沒有力氣做運動。且最可怕的地方在於：你的食慾會反撲！爆吃一頓的結果就是熱量超標、脂肪又重新囤積，讓自己懊悔不已，然後又再

一次繼續靠餓肚子減肥，形成惡性循環。

　　此外研究顯示：人在肚子餓的時候容易做出錯誤決策，也更容易大吃垃圾食物。如果你用了不符合人類生理需求的方式，製造出自己身心的痛苦與不適，然後再用意志力去苦苦支撐到破功為止，這樣減肥真的能長久嗎？

　　為了破解大家對於「意志力」的迷思，在我指導減肥的模式裡，絕不是依靠意志力過日子，而是首重正確的方法，比如本書中說的每個重點：每餐都吃飽、認識食物的營養成分、避開地雷、均衡攝取六大類食物等等。我先鋪好對減肥有利的一條路，然後你輕輕鬆鬆順著走就行了。

　　為什麼我很重視「認識食物」這一項知識技能？假設你正在考慮晚餐要吃低脂的嫩肩牛排、還是要吃油滋滋的牛小排，首先你必須具備知識，知道這兩樣東西都能填飽肚子，但是在熱量、尤其是油脂含量相差數倍。接下來你才需要用到一點點的意志力，告訴自己在減肥期間應該要挑選前者、捨棄後者，才不會變成愈減愈肥的食盲。

　　退一步說，減肥倒也不是完全不需要用到意志力。比如現在你已經吃完飯了，要不要再來一份餐後甜點或者喝杯珍奶，這種選擇就需要用到意志力了。雖然不見得每次意志力都能戰勝口腹之慾，但是在三餐有充分吃飽的條件下拒絕垃圾食物，會比餓肚子的時候做決策相對容易許多。

　　因為意志力本來就是有極限的，就像身體會疲勞一樣，我們的意志力也會耗損。當你為了減肥而忍耐不吃蛋糕、珍奶、洋芋片等等自己最愛吃的零食，但每次想到或看到的時候又很想吃，

短時間內還可以靠意志力忍耐，但是壓抑一段時間之後，總是用一次的 Let it go 大爆發來解決。等你回過神來，已經不知道嗑掉多少垃圾食物了，整個人又會陷入懊悔跟罪惡感之中。

　　像這樣的「意志力潰堤」是應該要避免、而且也是可以避免的，提供兩個方式。第一，減少需要動用到意志力的機會：怕自己忍不住拿零食來吃的話，就把零食放在不易拿取的地方，或者不要在家裡放零食。畢竟隨手可以拿到零食卻故意忍住不吃，這個難度是很高的，但如果家裡不放零食，想吃的時候必須出去買，就可以大幅下降吃零食的機率。

　　第二個方式：真正想吃的時候就吃一點吧！當我太太拿著珍奶或洋芋片在我面前晃來晃去的時候，我也是會嚐一口的，畢竟只要我的總熱量控制不超標，這並不會影響到我的身材，同時還能解饞、釋放壓力，重新讓意志力滿血回歸。當然在這個情境下，我們也要有意識地知道自己吃了多少，而不是每次都嗑掉一整包家庭號洋芋片。這個方法其實就像「放鬆餐」：在體重停滯的時候，適時地吃一頓大餐，除了放鬆意志力，還可以刺激瘦素、多肽 YY 等有助於減肥的荷爾蒙，其實會對日後的瘦身之路有幫助。

結論：減肥不是靠意志力！因為意志力不可靠，你愈想依靠意志力來減肥，反而就愈容易失敗。蔡醫師認為減肥九成是靠正確的方法，只有一成是靠意志力輔助。正確的方法包括學習正確觀念、吸收實用知識、並且實際執行，你只要花幾週到幾個月的時間把它們逐漸融入日常生活當中，這套系統可以就持續運轉一輩子。

❓ 無法繼續瘦，我一定是停滯期吧？

停滯期，或稱平原期，英文叫做高原期（weight loss plateau）。不過管他什麼期，總之就是減重到一定程度後突然「卡住了」，無論再怎麼嘗試，體重計上的數字依然紋風不動，這就是我們俗稱的「停滯期」。

　　先聲明，停滯期在臨床上是沒有明確定義的，一般約定俗成的說法是：減重大約半年左右，或者已經減去體重 10% 的時候，可能會遇到停滯期。甚至本來就不胖的人，可能減 5% 體重就遇到停滯期。但這樣的定義並非絕對，因為有人減掉幾十公斤完全不覺得有停滯期，也有人剛減掉 1、2 公斤就認為自己遇到停滯期，各說各話，那麼到底停滯期是怎麼一回事呢？

　　一般常見的說法是這樣：當你嚴格控制飲食（製造熱量赤字）、讓體重下降得太快的時候，你的大腦會以為你遇到生存危機，於是自動下令身體開啟保護機制：降低你的基礎代謝率，以免你餓死。這個在學理上叫做代謝適應（Metabolic adaptation），牽涉到甲狀腺素、瘦素等多種荷爾蒙的調控。

　　另一方面我們用數學計算的角度，來看看那些體重已經減掉 10% 的人：依據公式，基礎代謝率與體重成正比關係，所以當你的體重下降，你的基礎代謝率（BMR）以及每日消耗熱量（TDEE）必定會隨著體重減輕而下降！因此你一開始靠著降低飲食總熱量就可以順利減肥，而現在飲食總熱量只能跟你的 TDEE 剛好打平而已，沒有辦法製造熱量赤字，當然無法繼續瘦下去囉。

　　最後還有一個可能原因：人總是在剛開始減肥的時候最能嚴

格控制飲食，而稍微有點成績之後就開始鬆懈了，也許這邊吃一些零食、那邊喝一口飲料，默默地把熱量赤字給抹滅了，當然也就不會再瘦下去。這種狀況下的停滯期，倒不如說是「鬆懈期」比較恰當。

至於某些看似認真減肥，然後瘦下1、2公斤就說自己卡關、嚷嚷著遇到停滯期的人，老實告訴你：醒醒吧！你不是遇到停滯期，你只是自我感覺良好而已，你根本沒有減肥成功過！減掉那1、2公斤的體重，說穿了大概也就是水跟屎而已，都還沒真的減到脂肪呢，過幾天吃一頓大餐體重就差不多又回來了。

我認為這一類人並沒有真正找到減重的方法、也沒有做好長期減重的心理準備，別說減重 10% 了，可能連 5% 都不到，他們只是三分鐘熱度：嚴格控制飲食一小段時間、減了一點點體重，然後……就沒有然後了。

至於真的遇到停滯期，當然有路可以突破困境：

第一條路是「進一步降低飲食總熱量」，創造熱量赤字。蔡醫師建議體重噸位比較大（BMI ≧ 24）的人可以考慮這條路，因為這類族群原本每日的目標總熱量可能就比較高，稍微降低一些也還可以接受。如果體重已經在標準範圍甚至偏瘦的「泡芙人」，那我不鼓勵拚命降低攝取，因為這會變成肌餓減肥法（俗稱仙女餐），雖然能讓體重繼續下行，但勢必也會減到肌肉，長期而言只會讓你的基礎代謝率更差，之後以飛快的速度復胖，產生所謂的「溜溜球效應」。

第二條路是「增加消耗的熱量」，理論上會是比較聰明的做

法，意思就是叫各位要多做運動啦！但是不要千篇一律的只會跑步、做有氧運動。澄清一下，我沒有說有氧運動不好，有氧運動可以強化你的心肺功能，也確實可以消耗熱量，但是對於提升基礎代謝率並沒有幫助！如果想提升基礎代謝率，一定要靠「肌力訓練」練出足夠的肌肉量。沒有時間做運動的人怎麼辦？想要省時間、高效率做運動的人也可以考慮高強度間歇運動（HIIT）或者俗稱的 TABATA，可以在相對短時間內提供有氧燃脂和鍛鍊心肺的功能、同時帶有部分肌力訓練的效果，一舉兩得。缺點是會讓你喘到只想趴在地上，而且沒有基礎的人貿然開始做 TABATA很容易受傷。那平常就在做肌力訓練，卻遇到停滯期的人怎麼辦？很簡單，一樣是變換運動方式，比如增加一些時間來做有氧運動，不過有氧運動的時間必須夠長，比較能看出燃脂的效果。

　　最後還有第三條路，就是大家最愛的「放鬆餐」，或稱作弊餐（Cheat meal），藉由一次隨心所欲的享受美食來欺騙你的大腦、重新下令恢復身體代謝。我本來就很鼓勵成功減重到一個階段，可吃大餐慶祝，這樣一方面可以偶爾滿足口慾，釋放減肥期間的壓抑，算是一種自我獎賞。另一方面，我們時常會有想吃某樣東西的衝動，這時候不要急著買來吃，先深呼吸然後把它寫在筆記裡面，等減重看到一定的成果再去吃。你會發現，先前寫下來的東西如今好像也未必想吃了，或者當初長長的清單裡面現在只能選擇一項來吃，無形之中就替自己省下許多熱量、也省下荷包了。再複習一下荷爾蒙的部分：身體在吃飽的時候會大量分泌瘦素、多肽 YY 等有助於減肥的荷爾蒙，所以放鬆餐的作法似乎是有一些科學依據的。同時放鬆餐對於「心理上」也有放鬆作用：

吃完一次大餐，接下來的日子才有動力繼續控制飲食。當然放鬆餐也要適可而止，吃一些自己愛吃的東西不表示可以毫無限制的大吃，否則一樣會讓你的減肥前功盡棄，要花更多時間才能把這些熱量消耗掉。

但是對於那些已經減去體重 10% 以上（或者不胖的人減去體重 5% 以上），而且不管再怎麼努力都無法變瘦的人，可能已經進入代謝適應的階段。有時候吃一頓放鬆餐還不足以恢復代謝，這時要放考慮放鬆長一點的時間，比如 2 週到 4 週，趁這段時間減輕身體的壓力，甚至讓體重回升個 1、2 公斤，然後再開始下一個瘦身的循環、積極控制飲食，你會發現體重又開始順利的下降了。

另外還有一個特殊情況，針對體重正常卻體脂偏高的「泡芙人」，減肥的進度就不能只看體重高低。透過均衡的飲食加上適度的肌力訓練，有可能出現體重不變，但是體脂肪下降、同時體態線條有明顯進步的情況，那表示你「增肌減脂」成功，這樣的體重停滯未必不好，反而是可喜可賀。

結論：無法繼續瘦先別推給停滯期，就算真的卡關也有方法可解。畢竟減肥是一場終身志業，只靠三分鐘熱度或者短期內激烈的減肥法，都是不會成功的。明確定下你的目標、找出適合你長期執行的方法，然後花數個月、甚至數年的時間，用盡全力朝你的目標前進吧！

❓ 蛋白質吃太多會傷腎？喝乳清可能導致禿頭？

要回答這個問題，首先我們先來了解究竟一天要吃多少蛋白質？

根據美國國家學院公布的「推薦膳食攝取量」（Recommended Dietary Allowance，RDA），建議每天每公斤體重攝取 0.8 克蛋白質，比如體重 60 公斤的人，每天就可以攝取 60×0.8 = 48 克蛋白質。但是請注意：這個攝取量只是一個滿足最低需求、避免營養不足的「基本盤」，而不是「攝取上限」，這是很多人誤解的地方。

根據一篇醫學期刊《Food & Function》在 2016 年的一篇回顧文章，對於低活動量、中等活動量、高活動量的人來說，分別建議攝取每天每公斤 1.0、1.3、以及 1.6 克蛋白質。文獻也指出健康的人即使攝取每天每公斤 2.0 克蛋白質也是安全無虞的，而攝取上限是建議不要超過每天每公斤 3.5 克，是不是遠遠超過你的想像？

此外還有在《美國臨床營養學期刊》的統合分析研究顯示：在降低總熱量攝取的條件下，攝取較多蛋白質（每天每公斤 1.2~1.6 克）的人可以減去較多體重和體脂肪，同時保留較多的肌肉量。意思就是在減重期間可以減脂不減肌，何樂而不為呢？

所以，以 60 公斤而且有在做肌力訓練的人為例，減重期間每天攝取 60×1.6 = 96 克蛋白質可以說是很好的策略。注意我們這邊指的是吃 96 克「蛋白質」，不是 96 克的「肉」，不要才吃幾口肉就以為自己蛋白質超標。因為一般而言 37.5 克（一兩）的肉

只含有 7 克的蛋白質，概算起來 100 克雞胸肉大約含有 22 克蛋白質，所以如果你一天的攝取目標是 96 克蛋白質，就要吃下將近 500 克雞胸肉。有吃過雞胸肉的人就知道，這樣的份量其實可以讓你吃到很飽，這又呼應前面我說的：蛋白質可以增加飽足感，讓你吃到爽，吃到怕。小提醒：平常吃的飯、麵、牛奶、豆類食物等等也含有部分的蛋白質，可以回頭看一下第二章衛生福利部那張食物代換表，或者善用 MyFitnessPal 幫你計算進去喔。

除非你是腎臟病患者，而且還是中等到重度的腎臟病，才會有限制蛋白質攝取量的建議。針對這點，《台灣版腎臟病診療指引》的建議其實跟歐美的診療指引是幾乎相同的，先說定義：假如你有蛋白尿、血尿之類的腎臟損傷，但是抽血顯示腎絲球過濾率正常（≧ 90），那麼你就是腎臟病第一期（最輕微的一期）；若腎絲球過濾率是落在 60-89 的範圍，就屬腎臟病第二期。根據診療指引，腎臟病第一期甚至第二期都沒有限制蛋白質攝取量。至少要第三期或更嚴重的患者（腎絲球過濾率 < 60），才會限制蛋白質攝取量在每天每公斤體重 0.8 克以下。你是不是腎臟病患者？這點請找你的主治醫師討論，本書無法幫你做診斷喔。

至於「乳清蛋白」，說它是最受健身人士歡迎的產品應該不過分，而且隨著健身風氣的盛行，也開始有很多沒在健身的民眾跟風，以為喝乳清蛋白就會變成巨巨。偏偏民眾對於乳清蛋白又是一知半解，所以才會出現「喝乳清蛋白會傷腎」、「喝乳清蛋白會變禿頭」等等讓人啼笑皆非的流言。

說到底乳清蛋白並不是什麼仙丹妙藥，它只是一種食品。乳清蛋白的製作過程是將牛奶去除乳脂以及乳糖後，留下蛋白質為

主的部分，再製成方便保存的粉末。一般來說只要喝下一杯乳清蛋白，就跟吃下一塊 100 克的雞胸肉差不多，都能攝取 20 克左右的蛋白質，對於蛋白質需求量大的人來說非常方便而且有效率。既然乳清蛋白只是一種食品，那麼它跟你吃的雞胸肉、牛排等等其實在本質上並沒有太大的差異，你不會每次吃完一客牛排就在那邊擔心自己要洗腎吧？

結論：健康的人通常不用擔心蛋白質吃太多，而是要擔心吃不夠。不論是增肌還是減脂，蛋白質都扮演了重要角色。

❓ 果汁健康又好喝？

如果你是指市面上的包裝果汁，別鬧了，那些根本只是水果口味的含糖飲料而已。隨手找一罐知名的柳橙汁來看看，每 450 毫升（三分之二個礦泉水瓶）裡面含糖量是 42.3 公克，等於是 8.5 顆方糖被你喝下肚。有誰沒事會去拿 8.5 顆方糖來吃啊？

那自己打的果汁總可以了吧？我們來算算看就知道：一杯 300 毫升（一個馬克杯）的柳橙原汁起碼要用掉 3 顆柳丁，每顆柳丁大約含 15 公克糖，所以自己榨一杯柳橙原汁粗略估計也含有 45 公克的糖，完全沒有比市售飲料少！

回想一下前面我們談到的，正常人每天水果的建議攝取量是二到四份（一份是一個拳頭的大小），減肥期間或者糖尿病友我

建議兩份以內，而且最好平均分配到三餐，假如打成果汁一次喝下去對血糖造成的衝擊可不小呀！此外，直接吃水果比較有飽足感、也吃進較多纖維質，喝果汁就沒有這些好處了。

結論：果汁是好喝啦，但根本沒有比較健康。

❓ 吃不甜的水果比較不會胖？

吃太甜的水果怕胖，那我吃「不甜」的水果就不會胖了嗎？事實上一份水果所含的碳水化合物是固定的（碳水化合物包括糖、澱粉、膳食纖維），只是在糖和澱粉之間結構互相轉換的程度不同而已。舉例來說，一根綠色的香蕉很酸很難吃，放個幾天變黃了就很甜很好吃，這叫做「後熟」現象，但是無論你在什麼時間吃它，熱量都是完全一樣的。

　　台灣的水果質量俱佳，當季的水果味道甜美，豈有不吃的道理？最好的方法就是不要拘泥於甜度，把「總量」管控好就可以了。只要攝取的熱量超標就會胖，跟甜不甜無關。

結論：水果的熱量跟甜度不一定成正比！假如你以為水果不甜就可以放心大吃，一樣是會變胖的。

❓ 我都吃很多蔬菜，比如馬鈴薯、玉米……

馬鈴薯和玉米都算是澱粉類主食（正式的名稱叫做全穀雜糧類），還有芋頭、地瓜、南瓜、紅豆、綠豆、山藥等等也都是澱粉類，如果把它們當成蔬菜，那你就真的是個食盲了。當然不是說這類食物不能吃，而是有吃這類食物的話，就要相對把飯、麵等等主食減量，才不會愈吃愈胖。

結論：要説自己吃很多蔬菜以前，先搞清楚哪些才是真的蔬菜吧！

❓ 吃素比較不會胖？

素食不僅僅包含蔬菜，還有糖、澱粉、水果、奶蛋類、油脂類也都算素食，吃多了一樣會胖。而且有些素食餐廳、自助餐，為了讓食物更美味，難免會使用大量的糖油鹽以及勾芡來調味，或者素肉等等加工食品，熱量要不高也很難。

舉一個我以前常吃的「素三杯炒飯」為例，學生時代不懂事，以為吃素對健康比較好，事實上每一盒的熱量高達 604 大卡，其中碳水化合物佔了六成、脂肪佔三成，蛋白質只有一成。而且份量不算多，我一次可以吃兩盒，現在想起來都覺得很恐怖……。

結論：變胖無關於吃葷或吃素，而是一樣在於總熱量的管控啦！

❓ 麵包也是不錯的主食選擇？

麵包是很多人當作早餐、點心的首選，但是我對麵包反倒是敬而遠之。首先，麵包本身屬於精緻澱粉，通常都有頗高油脂含量，可沒有你想像中的那樣健康，假如是有餡料的麵包，更會含有大量糖分，對於減肥來說非常不利。要吃麵包的話請酌量食用，並且搭配富含蛋白質和纖維質的食物一起吃，才算均衡的一餐。

那如果自己做不含糖也不含油的全麥麵包，夠健康了吧？確實比較健康，但是吃起來口感並不好，放在店裡應該賣不出去，你自己每天能這樣啃的話倒是無所謂。順便爆個卦：市售的「全麥麵包」絕大多數都不是全麥製成，而是用白麵粉混和麩皮重新加工製成的。其中麩皮、胚芽等成分只要佔產品乾重的 51% 以上，即可稱為「全麥」。那剩下的 49% 是什麼？嗯，不好說。

> 結論：好吃的麵包不健康，健康的麵包不好吃。不如就別吃麵包了，減脂期間多吃原型食物吧！

❓ 產品上面寫著「自然」，就真的比較自然嗎？

鳳梨酥裡面沒有鳳梨、太陽餅裡面沒有太陽、長頸鹿美語也不是長頸鹿來教（扯遠了），所以產品上面寫著「自然」，當然也未必真的自然。舉例來說，我有時候會吃優格，但市面上有些

品牌的優格標榜自然、天然、無添加等等，結果每 100 公克優格之中含糖量就超過 10 公克，大概是鮮乳的兩倍有餘，你覺得真的自然嗎？

結論：與其傻傻被產品名稱欺騙，不如好好學會看懂食品營養標示。

❓ 一天只能吃一顆雞蛋？

許多民眾都對「一天不能吃超過一顆雞蛋」這句話存有印象，卻又很疑惑這個資訊到底是真是假。其實，根據現有的醫學證據，攝取「含膽固醇」的食物未必會造成膽固醇過高，而是吃「飽和脂肪酸」以及「反式脂肪」比較會造成膽固醇過高，這些對健康不利的成分主要存在於動物性油脂、椰子油、油炸食物、以及加工食品裡。因此對蛋黃裡面的「膽固醇」可以不用這麼恐懼，而且蛋黃裡面所含的「不飽和脂肪酸」含量也很豐富，是對健康有益的成分，所以在這邊做一個小結論：限制每天吃一顆雞蛋這種觀念已經過時了。

至於什麼樣的人必須注意雞蛋攝取量呢？我個人給大家的建議是這樣：

1、血液膽固醇過高、曾罹患動脈血管梗塞、肥胖、或是脂肪肝等疾病的患者，一天應攝取少於一顆蛋黃。因為這些已經是明確的「疾病患者」了，飲食建議當然要比一般健康的人更嚴格。

2、血液膽固醇高低大部分是由基因決定的，也就是俗稱的「體質」，飲食則佔一小部分因素。體質屬於膽固醇過高的人，就算只攝取一點點膽固醇也會高，更何況是吃很多膽固醇。所以民眾要大口享受美食之前，最好先搞清楚自己有沒有血液膽固醇過高的體質。

3、一般民眾不會區分什麼是膽固醇、什麼是飽和脂肪酸、什麼是反式脂肪，只是聽說「不必限制膽固醇攝取量」就開始放心的大吃大喝。殊不知自己吃下的飽和脂肪酸或反式脂肪可能比膽固醇更多，最後也造成了血液膽固醇過高的結果。所以有時候也不能怪醫師給的建議太保守，畢竟叫民眾少吃一點比較安心。

結論： 一般健康的人不需要限制膽固醇攝取量，但前提在於你吃的是原型食物，比如雞蛋、牛奶，而不是吃一堆暗藏飽和脂肪酸、反式脂肪的加工食品。如果你是「病患」，那就愛惜生命、好好遵守規矩限制膽固醇攝取量吧！

PART

3

助攻理想身材：運動篇

醒醒吧！
累得要命又汗流浹背不等於有效運動

　　不管你是體重過重的 BMI 超標族，還是體脂過高的泡芙人，或者身為追求極致理想身材的自律人，減肥成功的因素裡，除了佔七成的飲食之外，運動都是那不可或缺的一到三成。

燒腦跟勞動 = 運動？別傻了！

　　「我上班坐在辦公室裡從早忙到晚，超累的，一定消耗很多熱量！」

　　「每天照顧小孩跟打掃家裡就累得要命，不用再做其他運動了吧？」

　　你是不是也常說出上面這幾句話呢？今天我們來探討一個問題：很累就等於有運動到嗎？我想要告訴你的是：為什麼每天把自己搞得很累，卻一點都沒瘦？因為你可能一直在做白工。

　　首先，想要紮實地消耗熱量，還是必須從事有計畫的「運動」，或者至少足量的「身體活動」。在第一個案例中只靠靜態工作或者俗稱的「燒腦」，其實都燒不了多少熱量，不然每個電競高手都應該有六塊腹肌的身材。開頭這句「坐在辦公室裡」就

決定了你活動量不足的事實，而且工作時間愈長，就愈排擠你的身體活動或者運動的時間。

　　以我自己這種靜態工作的人為例，運動手環顯示我每天的走路量大約在 4 到 5 千步（雖然少，但可能已經勝過許多上班族了），換算起來是 3 公里的距離，大約只能消耗 100 大卡。這麼一點熱量隨便吃幾口就補回來了，何況有部分上班族最愛吃辦公室小點心跟下午茶，或者在下班之後大吃犒賞自己，身材日漸走樣並不意外。

　　第二個案例中，家庭主婦雖然忙於家務、還要跟小孩搏鬥，但是整體來說只限於低強度身體活動，而非有系統、有效率的運動，所以消耗的熱量也絕對不如預期。更不要說家庭主婦常常有吃零食甜點的小確幸，或者撿菜尾這種勤儉持家的行為，對於減肥來說可謂雪上加霜。總而言之，低強度活動只是會把你搞得很累罷了，其實沒消耗多少熱量。

汗流浹背也不見得會瘦

　　對了，我還要再提醒一下，很多人會說：「我做運動流很多汗，一定消耗很多熱量！」其實並非如此。舉例來說，有些人很怕熱，坐著不動就會流汗，難道坐著不動也算運動嗎？所以流汗多寡並不是一個好的指標，即使你在大太陽底下曬，或者烤箱三溫暖裡面悶個老半天，只會加速你流失水份，體重好像變輕了，但是並不會因此而多消耗熱量，身上的脂肪也是絲毫未損。再補充一點，按摩之類被動式的運動也不會消耗熱量，只有幫你按摩的師傅有

運動到、他會變瘦（笑）。

　　這邊要幫大家更新一個重要概念：「心跳速率」更適合當作運動效果的指標。根據運動生理學的研究，最能有效燃燒脂肪的心律大約是在「最大心律」的 60%-80% 這個區間。而最大心律是有公式可以計算的：最大心律 = 208 -（0.7 x 年齡），比如我自己 37 歲，0.7 x 37 = 25.9（以 26 計），208 - 26 = 182。那我估算出來的最大心律應該是每分鐘 182 下，最佳燃脂心律就在每分鐘 110-145 下之間。當然這也要量力而為，缺乏運動基礎的人一定要循序漸進，不必一開始就挑戰最佳燃脂心律。

　　如果不會算心跳的話，也可以用「喘」的程度來評估運動強度，世界衛生組織建議每週要進行至少 150 分鐘、中等強度運動以上的運動。什麼叫做中等強度運動？運動的時候「有點喘又不會太喘」、「可以講話但不能唱歌」，就代表有確實達到中等強度了。如果一邊運動還可以一邊聊天、談笑風生，顯然是運動強度不足以燃脂，只能當作幫助消化而已。

　　所以說，很累或者流很多汗，絕對不代表就消耗很多熱量。達到中等強度以上的運動、或者達到最佳燃脂心律的運動，才是比較有效的運動。

　　那麼，問題來了，怎麼運動才有助於減肥？

運動入門，有氧和無氧都對健康有益

　　大家可能都聽過「333 運動法則」吧？但是很不好意思，這個法則早在 10 年前就已經過時了。目前世界衛生組織的成人身體活動建議是：

　　1、每週至少進行 150 分鐘。如果目標是減重，每週至少進行 300 分鐘。

　　2、中等強度（有點喘又不會太喘、可以講話但無法唱歌）以上的運動。

　　3、其中要有兩次包含大肌群的肌力訓練。

　　年長者如果無法從事太劇烈的活動，則建議每週從事 2-3 次能改善柔軟度、平衡感及肌耐力的運動，例如瑜珈、太極等。

　　從內分泌的角度來看，運動可以減少胰島素阻抗、改善血糖、血壓、血脂，預防骨質疏鬆，刺激生長激素、雄性素。請注意：有氧運動跟無氧運動（肌力訓練）都對健康有益。我們先來看看有氧運動可以怎麼做。

初學者請先這樣做

慢跑是最好的選擇嗎？慢跑的確是一項很棒的運動，但不見得適合每一個人。如果是缺乏運動基礎的人，可能跑沒幾分鐘就已經沒力；如果是嚴重肥胖導致膝蓋不適的朋友，也不太可能這樣跑起來。我建議此類初學者以「低衝擊有氧運動」作為開始運動的選擇，比如快走、游泳、腳踏車等等，強度則同樣用前述的「心跳」和「喘」做為客觀指標。

如果覺得快走太沒挑戰性，不妨試試用跑步機做「爬坡走路」。中高階的跑步機通常會附有調整斜度的功能，我們可以調到一個適合自己的斜度再開始快走，這樣會更容易達到中等強度以上的要求，燃脂也比平地快走更有效率。

如果家裡沒有跑步機，又不方便出門運動，該怎麼辦呢？看電視、YouTube 上面的有氧運動節目然後跟著做，也都是有氧運動的替代方案。

特別提醒，有氧運動燃燒的熱量畢竟有限，建議每天要進行30 分鐘或以上，比較能發揮減肥的效果。初學者做有氧運動可以嘗試進行 15 分鐘、休息 5 分鐘、再進行 15 分鐘的做法，體力上比較能負荷。等到體能上升之後再逐漸把運動時間加長。

每天跑步絕對瘦？

有些人一定會說：「我每天都慢跑 1 小時消耗熱量，我的運動量應該很夠吧？」

先幫你拍拍手，我非常佩服你的意志力！畢竟很多人沒有體力這樣跑，又或者沒有時間花在跑步上。回到問題上，每天都慢跑，運動量應該很夠吧？這樣會不會瘦呢？這個問題又要分成兩個層面來討論。

首先我們從消耗熱量的層面來看，拿 60 公斤的人為例，花 1 個小時慢跑 8 公里大約可以消耗 300 大卡（這已經很樂觀估計了），看起來是還不錯的數字。但現實是殘酷的，不要忘記人體有非常強大的適應能力，你剛開始跑 1 小時可能還很有挑戰性，等你跑過幾個月的 1 小時之後，對身體來說這種強度已經變成小菜一碟，消耗的熱量會遠比 300 大卡來得低。

所以對剛開始運動的人而言，任何種類的運動都能消耗熱量，這也許會讓你嚐到一點減重的甜頭，但是久了就會發現怎麼愈來愈沒效、體重紋風不動，就是因為身體已經逐漸適應這樣子的運動量了。說句不中聽的話，每天跑步費時費力卻只消耗一些些熱量，倒不如少吃幾口垃圾食物還比較有效率。

那麼如果卯起來跑更遠、更久，是不是可以消耗更多熱量？絕對是沒錯，你看職業級的馬拉松選手，幾乎都是四肢纖細、骨瘦如柴（多餘的肌肉對他們來說，反而是跑步時的一大負擔）。這邊就要進入到第二個層面來討論：光是求瘦卻犧牲掉寶貴的肌肉，這未必是我們想要的體態。

因為慢跑屬於長時間消耗能量的有氧運動，這個狀況下醣類、脂質、蛋白質都會趨向於分解，被身體拿來燃燒利用。假如光做有氧運動而缺乏肌力訓練，對於肌肉的成長非常不利。

或者反過來說，跑步本身對於腿部肌力並沒有太大的幫助。等等，跑步不是最需要腿力嗎，怎麼會說沒有幫助呢？是的，走路、跑步都需要腿力，但需要的大多是「耐力」，而不是「肌力」。我看過許多案例平常能走能跑，但是從沒接觸過肌力訓練，結果常常連徒手深蹲（蹲下站起來）都覺得很吃力，更不要說是負重深蹲了。

　　為了避免誤會，先聲明一下：並不是說慢跑不好，慢跑可以強化心肺功能，是體適能裡面非常重要的一環。我在這邊強調的是「不要只做有氧」，還要記得搭配肌力訓練，讓全身的肌群均衡發展，才能提高基礎代謝率、同時讓身材更有曲線。

　　結論：如果總是以消耗熱量為目的來做有氧運動，最後可能會成效不彰。 要嘛是消耗的熱量不如預期，要嘛是為了消耗熱量而犧牲肌肉成長。有時候我們需要一點嶄新的思惟，改成以肌力訓練為主、有氧運動為輔，也許會讓你獲得意想不到的成效。

　　對，說了這麼多，就是要回到我非常強調的「肌力訓練」這個話題，想要減肥也好、想要雕塑身材也罷，肌力訓練都是你不可或缺的好朋友。這也是我們接下來的篇章要談的內容。

想瘦必知！肌力訓練好處多

　　有關注我的人一定知道，我經常在社群以及社團裡面強調肌力訓練的重要性。再澄清一次：不是說有氧不好，而是**不要只知道做有氧**。因為許多人對於運動的認知太過僵化，大多都停留在跑步之類的刻板印象。比如我今天告訴肥胖患者要多運動，他就會回答：「可是我膝蓋不好沒辦法跑步」，誰來替我申冤一下，我根本沒有說出「跑步」兩個字呀！

　　所以我希望能幫民眾打破「肌力訓練很危險」、或者「我怕練太壯」的迷思，其實做肌力訓練更可以有效增肌減脂，最適合拯救泡芙人這種肌肉不足而脂肪過多的狀況，而且雕塑身材的效果更是有氧運動所無法取代的。

　　如前述，世界衛生組織也提醒每週至少進行兩次大肌群的肌力訓練，那究竟肌力訓練有什麼好處呢？

超乎想像的三大優點

　　第一點，也是最重要的一點，肌力訓練省時又方便！不同於跑步這類戶外運動，動輒需要 30-60 分鐘，下雨天還可以當做不能跑步的藉口。想做肌力訓練的話，只要家裡有一塊瑜珈墊大小

的地方，就可以立刻開始做運動。我給大家三個關鍵字：「每天、在家、15 分鐘」。因為在家不用出門，而且只要 15 分鐘就有運動效果（之前文章提過的喘以及心跳加速），這麼方便的運動當然更能讓人維持下去、養成每天運動的習慣。

　　第二點是減肥效果卓越。不曉得大家是否聽過「後燃效應」這個詞：不只做肌力訓練當下可以燃燒熱量，做完肌力訓練後的休息時間一樣有在燃燒熱量，效果可以持續 24 小時之久（甚至有長達 36-48 小時的說法）。從另外一個層面來看，肌力訓練會消耗掉肌肉中的肝醣，而肌肉會非常渴望吸收養分（主要是葡萄糖）來回補肝醣，引此能避免過多的葡萄糖跑去轉化為脂肪囤積。

　　第三點最顛覆女性朋友的想像，肌力訓練可以讓體態更美！很多女性不願意接觸肌力訓練，是深怕會把自己練成「金剛芭比」，其實這又是天大的誤會！以健美選手的增肌過程為例，必須有計劃、漸進式的加強訓練量，再搭配熱量盈餘（卯起來吃）才有辦法做到。而且女性朋友的睪固酮濃度先天上就比較低，要練出一身肌肉絕非易事，假如練了半年一年之後能增加 1 公斤的肌肉量就算是練武奇才了。

　　也有些女性朋友覺得自己手臂、大腿看起來太粗，一定是因為肌肉太多。我可以告訴你實話：醒醒吧！那些都是脂肪而已，把脂肪減掉才是手臂變細的關鍵呀。當你持續做肌力訓練，同時控制飲食讓體脂肪降下來之後，手腳絕對會瘦下一大圈，而你會為自己明顯的肌肉線條而驕傲。

◆ 肌力訓練懶人包 ◆

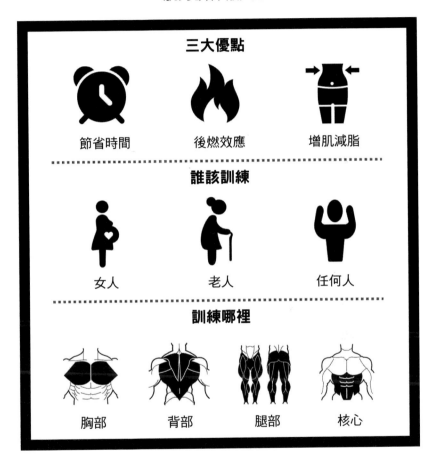

三大優點

節省時間　　　後燃效應　　　增肌減脂

誰該訓練

女人　　　老人　　　任何人

訓練哪裡

胸部　　背部　　腿部　　核心

以上三點就是我歸納出肌力訓練的好處，看完之後你心動了嗎？那麼肌力訓練要怎樣做、該訓練哪些部位呢？這又是一門很大的學問了，我將在下篇稍微提點一下整體的概念。

我都沒時間做運動怎麼辦？

每次建議大家運動，最常聽到的回應就是這句話！

蔡醫師強調過了：運動有分很多種，不是只有出門跑步才叫做運動。有些運動不需要出門、也不一定要花很多時間，所以問題不在於沒時間運動，而是每個人都應該找出最適合自己的運動。

比方說沒空出門跑步的人要怎麼做有氧運動？很簡單，在家自己跟著 YouTube 影片做有氧運動就行啦，資源豐富、隨時可看、還能欣賞猛男或美女教練。又比如在家甩壺鈴、跳繩等等，都是不需要出門的有氧運動。

肌力訓練一樣很適合在家裡做，而且不一定需要用到器材，我們可以在 YouTube 上找到琳瑯滿目的「徒手肌力訓練」教學。而且需要用到的時間也不長，每天只要 15 分鐘，就可以達到基本的運動效果。

以上幾種運動方式根本不會花太多時間，而且我們可以利用看電視、追劇的時候，不要光是坐著吃零食，改成邊做運動邊看豈不是一舉兩得。

結論：你都有時間吃飯，怎麼會沒時間運動呢？如果看到這邊還是覺得自己沒時間做運動，只能說你目前還沒有做好開始運動的心理準備。就等你哪天自己醒悟吧！

動起來！肌力訓練怎麼開始？

看完肌力訓練的諸多好處，相信大家都躍躍欲試吧！賣了很多關子，肌力訓練到底該做哪些動作呢？先說結論：建議多做大肌群、多關節的運動。

多做大肌群、多關節的訓練動作

何謂大肌群？一言以蔽之就是胸部肌群、背部肌群以及臀腿肌群。顧名思義大肌群有著較大的肌肉質量，訓練的時候能幫你燃燒更多熱量，而且也比較容易看出訓練成果，男生可以練出一身厚實的肌肉，而女孩子可以突顯出豐胸翹臀（再次強調絕對不會變成金剛芭比）。

何謂多關節？意思是你在做這個訓練動作時，需要徵召數個不同的肌群以及活動關節來完成，比如引體向上（俗稱吊單槓）就是一個多關節運動：主要能鍛鍊到大量的背部肌群，另外也需要二頭肌的輔助。相對的名詞則是單關節運動，只用到單一肌群以及單一關節的動作，比如用啞鈴做二頭彎舉就是一個單關節運動：只動到肘關節、用來針對二頭肌加強訓練。

所以最推薦的當然就是結合了大肌群、多關節這兩大重點的

訓練動作囉！常說的健力三項：臥推、硬舉、深蹲，就是健身者不可錯過的三大訓練動作，其中深蹲可以鍛鍊股四頭肌、臀大肌、與核心肌群，素有「重訓之王」的霸氣稱號。這三個動作再加上剛剛提過的引體向上，大肌群的訓練就幾乎都涵蓋在內了。

　　另外有一點要補充：核心肌群也是非常值得訓練的一環。核心肌群不是單獨指一個部位，而是由髖關節以上、橫隔膜以下，包含腹部、下背部等等數個不同深淺層的肌群所共同組成。核心肌群是維持身體的穩定度和協調性的關鍵，同時也要負責保護脊椎骨不受傷害，有了強健的核心肌群，健力三項的成績才有辦法提升。

初學者在家就能做徒手肌力訓練

　　當然，不是所有人都必須上健身房挑戰大重量，我非常鼓勵初學者在家多做徒手肌力訓練，省時間、有效率、而且幾乎沒有場地限制。想要在家做徒手肌力訓練，推薦有三個必學動作：

1、徒手深蹲

　　要知道人體最大的肌群就位在臀部及大腿，所以從這裡開始訓練，用到的肌群眾多、成本效益最高，而深蹲就是訓練臀腿最經典的動作之一。

　　如果初學者沒辦法做出完整的深蹲，我建議可以先找一張椅子，並且重複「坐下、站起來」這個動作，也可以訓練到深蹲所使用的肌群。等到動作熟悉了，再嘗試把椅子挪開。

也要提醒大家在深蹲的時候先以「膝關節不會不舒服」為首要原則，以免運動傷害，若是膝關節有傷真的沒辦法做深蹲，可考慮躺下做「橋式」抬臀運動，強度雖然較低但也能發揮訓練臀腿的效果。

2、徒手硬舉

其實就是俯身撿拾物品的動作，缺乏訓練的人往往會彎腰駝背，用下背部的力量撿起重物，然後就閃到腰（肌肉拉傷）了。正確動作應該是在俯身的同時保持腰部挺直穩定，然後用臀腿的力量帶動下背部往前推。多訓練這個動作，以後就不會閃到腰了。

3、伏地挺身

伏地挺身可鍛鍊胸肌以及手臂三頭肌。如果覺得太困難，初學者可調整為跪姿伏地挺身或者伏牆挺身，都是變通的方法。

另外再推薦幾個動作：棒式，或稱為平板式，可以大範圍的鍛鍊核心肌群。捲腹，是改良後的仰臥起坐，能有效鍛鍊腹肌並且不傷腰椎。

最後要來提一下小肌群的訓練，比如二頭肌、三頭肌、肩膀、腹肌、小腿等等部位，基本上就是練美觀的，對於減肥其實幫助不大。一般我會建議在練完大肌群動作之後，剩餘的時間再來訓練小肌群即可。

說了這麼多，在這邊當鍵盤教練實在有點搔不到癢處，建議

大家自己親自做做看，感受一下肌力訓練的迷人之處。同時也提醒大家，做自己不熟悉的訓練動作時，最好請專業的健身教練指導，以免減肥不成反受傷。

有氧運動、肌力訓練應相輔相成

有氧運動跟肌力訓練相比誰優誰劣？我的答案是：兩者各有優點，其中任何一種都不能取代另一個。重點是一定要找到最適合自己的運動方式，才能夠長久維持、永續經營。

如果非要給出一個優先順序的話，我建議沒有運動習慣的人或體重過重者，先從難度較低的「低衝擊有氧運動」開始，比如快走、游泳、腳踏車，先培養運動習慣、同時強化心肺功能。泡芙人的問題通常出在於肌肉量不足而體脂肪偏高，我建議一定要做肌力訓練增肌減脂，鍛鍊自己理想的線條。

最後再溫馨提醒一下，減肥成功的因素裡：飲食至少佔七成，運動佔一到三成。運動一定要搭配改變飲食習慣，才是減肥成功的關鍵。

關於運動，你還得知道的是⋯⋯

　　很多人開始運動之後，會出現各式各樣的問題，這一篇就來詳細解答無論在門診還是生活中最常見的運動迷思：

為什麼有運動，肚子跟蝴蝶袖卻沒有消？

　　「蔡醫師，我做了好多仰臥起坐要瘦肚子，怎麼都沒效？」
　　「蔡醫師，我要做什麼運動才能瘦大腿呢？」
　　「手臂平舉畫圈圈就可以瘦手臂、蝴蝶袖嗎？」
　　藉這些疑問，我要強調一個觀念：沒有局部瘦身、沒有局部瘦身、沒有局部瘦身！無論是靠飲食還是運動減肥，一定都是「瘦全身」！想瘦哪裡都是基因決定的，而不是自己能決定的。人生不如意事十常八九，你最想瘦的地方（比如肚子、大腿等等）往往都是最難瘦的地方，最不想瘦的地方（比如胸部）通常都是最先瘦的地方。

做了肌力訓練，怎麼還是瘦不下來？還是看不到腹肌？

　　本書一再強調：想要減肥成功，「飲食」的重要性遠大於「運

動」。如果你已經在運動卻瘦不下來，第一要務就是虛心檢討你的飲食，如果你堅持自以為飲食沒有可以改進的地方，那你這輩子大概是別想瘦下來了（我是認真的，沒有開玩笑）。

　　同場加映一題：「我拚命做仰臥起坐，怎麼還是看不到腹肌？」答案很簡單，因為你的體脂肪還是太高了，腹肌都被層層的油脂蓋住，當然看不到囉。只有調整飲食讓自己瘦下來，腹肌才會慢慢浮現，俗話說：「腹肌是在廚房練出來的」就是這個道理。

該不該請健身教練？

　　這是一個很好的問題，請不請健身教練當然各有利弊。先說請教練的好處：

1、有專業教練指導，動作比較正確且能避免受傷。

2、有人從旁督促，較有機會成功。

3、錢都花了，會強迫自己去運動。

4、好的教練不只教運動，更會提醒你注重飲食！

但是請教練也有缺點：

1、要花錢。

2、要跟教練約上課，時間容易被綁死。

3、有些教練操得太兇，反而害學生受傷。

4、也有可能遇到水準參差不齊的教練。

　　所以，請教練的心態要正確。如果你完全沒有運動習慣，只是請教練來「陪你」運動，但是教練課以外的時間依舊完全不運

動，那訓練的成效也會很有限。相反的，若能跟教練學習正確的訓練技巧，然後積極運用在自主練習上，肯定是值回票價！

好壞都分析給你聽了，請評估自己的狀況再做決定。不管有沒有請教練，都要提醒：運動是為了健康，養成運動習慣是長期維持健康體重的關鍵之一。如果只是為了減肥而在短期內拚命運動，很有可能會先害自己受傷、得不償失。

聽說乳清蛋白能幫助增肌減脂？

「喝乳清蛋白就能變成肌肉猛男」也是一個迷思。乳清蛋白當然是很方便的蛋白質補給品，但真正讓人變成猛男的是充足的肌力訓練。若是沒有肌力訓練刺激肌肉成長，光喝乳清蛋白是不會讓肌肉變大的。

那乳清蛋白對減脂有沒有幫助呢？如果每天攝取適量的乳清蛋白，然後減少攝取糖分、精緻澱粉、炸物，這樣對於減脂通常是有幫助的。但如果你的飲食不節制，都是亂吃地雷食物之後再來一杯乳清蛋白，很遺憾那只會增加熱量、讓你變胖而已。

瘦身跟健身的觀念是一樣的嗎？

其實兩者觀念真的有很多相似之處，大概只是強度上的差異而已。以我自己為例，最初的目標只是減重，靠著飲食調整以及有氧運動，我在半年內就完成了減重 10 公斤的目標。但愈到後期逐漸發覺，如果想要讓身材更結實，肌力訓練才是我最需要的運

動！於是毅然決然地投入健身這一個大坑裡了。

　　一個成功的健美選手絕對不是重量舉得比別人重而已，他對於飲食的控制一定也比平常人更加嚴格，然後在日積月累之下一步步鍛鍊出強健的體魄。瘦身也是一樣，建立了正確的飲食和運動觀念，剩下的只是時間問題而已，認真執行就一定能成功。

PART

4

這樣做就會瘦？
特殊減肥法破解篇

減醣正夯！？到底什麼是減醣？

　　想減肥的人應該都聽過減醣吧？看著書店裡琳瑯滿目的減醣食譜（有時候還混雜著生酮書籍）、網路上也看到許多減醣達人的經驗分享，告訴你「只要減醣就能瘦下〇〇公斤」，這些減醣達人的曼妙身材讓你羨慕不已，於是你也開始嘗試減醣飲食，希望可以順利瘦掉幾斤肥肉。

　　但是在開始之前，你知道「醣」與「糖」有什麼不同嗎？你有搞清楚什麼是「減醣飲食」嗎？而只要減醣就一定會瘦身成功嗎？

「醣」與「糖」不同

　　醣類又被稱作碳水化合物（Carbohydrate），它是一個總稱，包含多種類別：單醣、雙醣、多醣等等。你先別被這些專有名詞給嚇跑了，其實用我們日常生活中大家都吃過的食物來解釋就很簡單。

　　比如澱粉就是屬於「多醣」。我們每天在吃的米飯、麵條等等主食都是澱粉，還有地瓜、馬鈴薯、玉米這些天然的澱粉，或者麵包、餅乾等等精緻加工的澱粉，不勝枚舉。此外纖維素也屬

於多醣，它普遍存在於蔬菜、水果之中，可以促進腸胃蠕動、幫助排便，而且纖維素無法被人體消化吸收，換言之吃纖維素幾乎不會產生熱量（以每公克 2 大卡計）、不容易變胖。

　　常見的「雙醣」包括蔗糖、乳糖等等。我們平常吃的砂糖、方糖、冰糖、黑糖，其實就是各種不同的蔗糖製品。而乳糖存在於牛奶和乳製品之中，這個應該很容易理解，有些人一喝牛奶就拉肚子，我們稱之為乳糖不耐症。

　　至於「單醣」我們也很熟悉，比如水果裡的果糖，讓水果吃起來甘甜美味。葡萄糖流動在血液中，用來供應能量給各大重要的器官。

「醣類」都是壞東西？

　　所以，很多人誤以為減醣飲食就是不吃白飯、不碰澱粉，但是對於甜點飲料來者不拒，結果一樣瘦不下來，這種行為是不是有點單純到好笑？其實並非所有醣類都是壞東西，比如前面提到富含澱粉的全穀雜糧類以及含有果糖的水果，這些原型食物本身也含有膳食纖維、維生素等營養成分，有益身體健康。即使是糖尿病治療指引也不曾禁止病友攝取醣類，因為醣類是重要的熱量以及營養來源，適度攝取全穀雜糧類的主食並不會造成危害。關鍵當然還是在於攝取量，否則無論是多好的食物，吃太多也一樣會造成熱量超標，轉變成脂肪囤積。

　　我們該剷除的不是所有醣類，而是優先戒掉食品加工過程中添加的糖，稱之為「游離糖」。比如我在飲食篇章談到的，市面

上手搖飲料普遍使用的「高果糖玉米糖漿」就是游離糖的代表，喝下肚之後不但會發胖，還很容易造成脂肪肝、痛風等等代謝性疾病。果汁、蜂蜜、黑糖等等一樣屬於游離糖，不要以為它們比較健康。這邊再複習一次，世界衛生組織建議：游離糖攝取量應低於每日攝取總熱量之 10%，最好能低於 5%。

怎樣算減醣飲食？真的有效？

根據衛服部國民健康署發布的每日飲食指南，建議攝取三大營養素的比例為：醣類（碳水化合物）50-60%、脂質 20-30%、蛋白質 10-20%。假如以每天攝取 2000 大卡、醣類佔 50% 為例，那就等於是 1000 大卡，也就是 250 克的醣類（1 克的醣類 = 4 大卡）。

不要以為是我國把醣類比例訂得特別高，其實國外的飲食指引也大同小異。這主要是根據現代人以澱粉類為主食的飲食習慣，以及澱粉類主食相對便宜、容易取得。

一般來說低醣飲食（Low carbohydrate diet）的定義是醣類攝取量控制在總熱量的 25% 以下。同樣以每天總熱量 2000 大卡為例，就等於醣類佔 500 大卡，也就是 125 克。順便給大家一個參考值，一碗白飯（以 160 克的熟飯計算）大約含有 60 克的醣類。

如果更進一步將醣類控制在總熱量的 10% 以下、甚至 5%，就可以稱為極低醣飲食（Very low carbohydrate diet）。還是以每天總熱量 2000 大卡為例，就等於醣類只有 100-200 大卡，也就是 25-50 克。所謂的阿金飲食（Atkins diet）以及生酮飲食

（Ketogenic diet）都是把醣類控制在這個範圍以下。

　　不過，其實如果用最寬鬆的標準來看待的話，只要低於每日飲食指南的建議，也就是低於 50% 就可以算是減醣了。以我個人的飲食習慣來說，會將醣類攝取量控制在總熱量的 40% 左右，這也是我給瘦身社團學員們的飲食建議。算是一種比較容易執行的輕度（佛系）減醣：三餐的澱粉都可以正常吃，只要不喝含糖飲料、少吃精緻澱粉就可以輕鬆達成醣類佔 40% 的目標。

　　如同前面提到不吃白飯、卻繼續吃甜點飲料的例子，這種從來沒搞清楚什麼是減醣的人顯然不太可能會減肥成功。那如果有做到不吃游離糖，而且把醣類確實控制在總熱量的 25% 以下、甚至更低的人，就一定會瘦嗎？答案是：「有機會，但也不是百分之百一定瘦」。

　　因為減肥要考慮的不只是醣類，記得我們的減脂金字塔嗎？「總熱量」永遠是一個關鍵因素，創造熱量赤字才會瘦下來。在三大營養素裡面，即便你完全捨棄醣類，也還有蛋白質跟油脂的熱量無法逃避。

　　假如你刻意減少醣類攝取，但又要吃得有飽足感，那麼大量吃肉幾乎是不可避免的。但是別以為吃肉都是在攝取蛋白質，如果你對於食物不夠瞭解，那你吃進去的油脂可能遠比蛋白質更多。比如全脂鮮乳、香腸、貢丸、水餃、五花肉、牛小排等等，仔細看看它們的營養標示，你會發現油脂的佔比足以讓你嚇得倒退三步。

所以説，為了減醣而攝取過多的油脂，反而可能變成你瘦不下來的癥結點。我在這邊提出建議：泡芙人嘗試減醣飲食（尤其是戒除游離糖和精緻澱粉）應該可以得到不錯的瘦身效果。至於體重明顯超標的族群，減醣飲食的功效可能很有限，最好是同時注意油脂攝取量會更有幫助。

你真的適合生酮飲食嗎？

前幾年「生酮飲食」在網路上成為熱門話題並且飛快的傳播開來，也有許多人選擇跟風執行，但他們都了解生酮飲食的原理嗎？

生酮飲食早在 1920 年代被發明，是一種高油脂、低碳水化合物、低蛋白質的飲食法，用於治療癲癇病童。到了藥物發展日新月異的近代（1990s），僅有少數難以用藥控制病情的孩童採用生酮飲食輔助治療。生酮飲食的歷史就簡略講到這裡，畢竟大家關心的應該不是癲癇，而是生酮飲食為什麼能拿來減肥吧！

要知道生酮飲食用來減肥的原理，就要先了解人體利用能量的生理機制：提供能量的三大營養素就是碳水化合物、蛋白質、以及脂肪。其中脂肪是人體最充足而且穩定的能量來源，（不信看看你肚子上的游泳圈，是不是囤積了很多能量）。在一般情況下，脂肪會被轉變小分子，再進入檸檬酸循環（TCA cycle）代謝產生能量，只有少部分的小分子會走另一條代謝途徑：被轉變為酮體（Ketone Body）。酮體本身也可以當作能量來源，比如提供腦部和心臟能量。

但如果我們故意限制碳水化合物的攝取量，使得碳水化合物在體內的存量不足，這時候脂肪就變成提供身體能量的優先選擇，於是大量的脂肪來不及進入檸檬酸循環，紛紛改走另一條途徑、產生大量的酮體。當體內累積的酮體過多，有可能使血液呈現酸性，產生所謂的酮酸中毒（Ketoacidosis），造成身體不適，嚴重者需要送醫治療、甚至有生命危險。

生酮飲食＝極低的碳水化合物攝取量

了解上述人體利用能量的生理機制之後，就可以得知所謂的生酮飲食法，就是一種高油脂、中低蛋白質、極低碳水化合物的飲食法。碳水化合物的攝取量要降到總熱量的 10% 以下（甚至是 5% 以下），以成年男性一天攝取 2000 大卡為例，換算起來就只能吃 200 大卡、也就是 50 公克的碳水化合物。

50 公克的碳水化合物是什麼概念？舉例來說，一碗白飯所含的碳水化合物就有 60 公克，已經超標囉！那我們只要一天吃少於一碗白飯就是生酮飲食了嗎？太天真啦，撇開糖、飯、麵、麵包這些食物不談，很多我們平常吃的東西也含有碳水化合物，東扣西扣，白飯就連一口都沒機會吃了。

比如牛奶、無糖豆漿，每一杯 250ml 其實就含有大約 10 公克的碳水化合物。五穀雜糧類就不用說了，含量都破表。水果大家都知道含有糖分，姑且不論甜不甜，每一份大約含糖 15 公克。就連蔬菜也要區分為含碳水量多的（洋蔥、胡蘿蔔等等）跟含碳水量少的（大多數葉菜類）。生酮飲食限制非常嚴格，就是因為

一整天吃下來碳水化合物很容易就超標。

　　蛋白質相對而言沒有那麼複雜，簡單講就是可以吃肉類，尤其是帶皮的肉或肥肉更佳（但是不能吃炸物，因為那一層麵衣含有碳水化合物）。魚肉和雞蛋也可以當作蛋白質來源，至於牛奶跟大豆類就不是首選，因為所含的碳水相對較多。最後要注意一天吃下來的蛋白質攝取量，大約控制在總熱量的 10-20% 之間。

◆ 飲食法與營養素圓餅圖 ◆

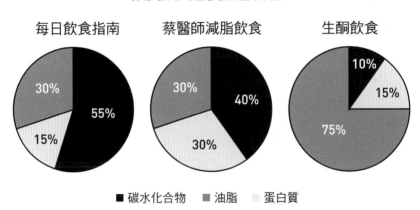

每日飲食指南　　　蔡醫師減脂飲食　　　生酮飲食

■ 碳水化合物　　■ 油脂　　▨ 蛋白質

　　扣除碳水化合物的 10%、蛋白質的 10-20%，每天總熱量還剩下 70-80% 的空缺呢？沒錯，通通都是用油脂類來填補！又因為碳水化合物和蛋白質的總量受到限制，不容易從天然食物中取的足夠的油脂，所以時常必須在烹調時加入大量的油，或者拿湯匙直接挖油來吃（生酮飲食法給人吃油、喝油的印象就是這樣來的）。其中又以椰子油號稱最能幫助生酮，所以也最被廣為使用。

採用這麼極端的飲食法，就是要讓體內的碳水化合物儘量壓低，然後強迫身體燃燒脂肪，達到減脂的功效。吃進去一大堆脂肪，卻還能燃燒脂肪，所謂的以脂燃脂（以毒攻毒？），正是生酮飲食的奇妙之處。

高油脂飲食還有一項特點：飽足感很強。油脂類的熱量雖然高，但消化的速度較慢，所以能提供長時間的飽足感。風靡一時的「防彈咖啡」其實就是利用這個特點：早上喝一杯加了奶油或椰子油的咖啡，飽足感讓你撐到中午。有了強大的飽足感，就不容易亂吃東西，容易達成熱量赤字，這樣執行下來的確減肥有望。

生酮飲食的風險

既然生酮飲食這麼神，那大家一起生酮減肥不就好了？當然沒這麼容易，接下來就要說說生酮飲食的缺點。

首先，腸胃不適是此類高油脂飲食最常見的副作用，包括噁心、嘔吐、腹瀉、便秘等等都很常見。其次生酮的過程會流失大量水分，造成口乾舌燥、多尿等反應，甚至誘發腎結石、痛風等等疾病發作。

然而最危險的問題在於心血管疾病，畢竟吃下大量油脂後造成膽固醇超標，導致心肌梗塞的案例不在少數，案例都可以從醫學文獻之中看到。

此外，如果糖尿病患者執行生酮飲食，在飲食缺乏碳水化合物的情況下，很可能導致低血糖的風險，而且酮酸中毒的風險也比較正常人更高。即便正常人執行生酮飲食，也曾出現許多產生

酮酸中毒的案例報告。其它包括虛弱、抽筋、脫水、頭痛、掉髮之類林林總總的副作用，就不贅述了。

　　而最讓你害怕的可能是下面這點：當你受不了這些副作用，或者無法維持嚴格的飲食控制而放棄生酮飲食之後，體重就會以飛快的速度復胖回來！所以說減肥不難，如何長期維持才是個問題。

　　說實話，我並不是說生酮飲食沒有用，也許有些人天生就適合這種特殊的減肥方式。用生酮飲食來減肥，短期內的確非常有效，但是如何長期維持就是個問題，而且也有遇到嚴重副作用的風險性。別人是別人、你是你，要跟風學別人生酮之前，你最好先了解整個原理和執行方式，三思而後行。

　　另外，也要送給想嘗試生酮飲食的人一句心靈硫酸：你連基本的健康飲食原則都做不到，還學人家生什麼酮？如果你有決心能執行超級嚴格又痛苦的生酮飲食，那為什麼不把決心拿來執行均衡飲食跟積極運動呢？

　　這也是我自己為何總是推薦比較能夠持之以恆的均衡飲食，而對暴起暴落的流行飲食法敬而遠之的原因。想減肥的人往往追求「一個月瘦 10 公斤」，但是快速減重幾乎都無法持久，同時伴隨著嚴重的肌肉量流失、基礎代謝率下降，最後還是會快速復胖。

　　其實減肥的原則是「慢慢來比較快」，只要掌握正確的飲食和運動習慣，一般來說每週減重 0.5-1 公斤、每個月減重 2-4 公斤，會是比較健康的做法，而且長期累積下來減掉的體重很可觀，也不容易復胖。

什麼是防彈咖啡？

　　防彈咖啡（bullet-proof coffee）是美國矽谷的一名工程師戴夫亞斯普雷（Dave Asprey）所發明。據說某次戴夫到西藏旅遊，喝了一杯當地的特產「氂牛酥油茶」，並大為驚艷，回國之後便用手邊容易取得的黑咖啡、草飼無鹽奶油、椰子油等等，做出了自己的「防彈咖啡」。會取這個名字是因為戴夫覺得喝了這杯咖啡不僅有飽足感、精力充沛、連頭腦都變聰明了！

　　許多人對防彈咖啡有所誤解，以為只要喝了這杯咖啡就會瘦，其實不然。我們先來看一下正統的防彈咖啡減肥是如何執行：早餐除了喝一杯防彈咖啡之外不吃其他任何東西，然後到午餐之前也不吃任何東西。午餐最好能跟早餐相隔 6 小時以上，飲食內容以大量的蔬菜和油脂為主，並搭配少量的蛋白質、不吃碳水化合物。晚餐的內容類似，而且要在距離早餐時間 12 小時之前吃完。舉一個最簡單的例子就是：早上 8 點吃早餐，下午 2 點吃午餐，晚上 8 點吃晚餐。餐點內容如上所述，而且除此三餐之外不能吃其他任何東西。看到這邊，你還會想嘗試嗎？

　　其實，防彈咖啡就是「生酮飲食」的延伸做法之一，其部分原理就是用大量的油脂來增加飽足感，同時把碳水化合物（包括糖和澱粉）的攝取量降到最低。而任何的減肥法都只有

一個共同概念：「製造熱量赤字」，也就是「攝取的熱量小於消耗的熱量」。如果嚴格依照上述的方式執行三餐，一整天下來吃進去的熱量會遠小於消耗的熱量，當然就可以達到快速減肥的效果。

　　但如果一邊喝防彈咖啡，而午餐、晚餐外加下午茶、宵夜等通通隨便亂吃，那也只會減肥失敗而已。且防彈咖啡含有大量的油脂，造成的副作用跟生酮飲食法很類似，不可不慎。

無麩質飲食也能跟減肥掛鉤？

　　説到麩質（Gluten），大家都知道是什麼嗎？我們先來談談其定義。

　　麩質，又稱為麩質蛋白，它是一種普遍存在於小麥、大麥、燕麥等穀物中的蛋白質。麩質具有彈性，可以增加麵包、麵條等的口感；麩質製成的加工品，比如麵筋、素肉等，也是素食者常見的一部分蛋白質來源。但是，並非每個人都能快樂地享受麩質食物！

　　因為麩質的蛋白質結構不容易被消化液分解，反之，它還有可能刺激腸壁細胞，引起發炎反應。造成的急性症狀比如腹痛、腹瀉、脹氣等，長期而言還有可能併發維生素吸收不良、營養不良、慢性疲勞等。根據統計，美國約有 1% 的人口患有乳糜瀉（celiac disease），也就對麩質的嚴重過敏反應。不過這個比例在東方人來說就少得多，如果在台灣開設乳糜瀉特別門診，應該是門可羅雀。

無麩質才不是你瘦下來的主因

　　言歸正傳，無麩質飲食跟減肥又有什麼關係呢？先説結論：

一點關係也沒有。如同上面所述，對麩質過敏的族群必須執行無麩質飲食，是為了避免發炎反應，不得已的自保手段而已。至於非麩質過敏的族群，執行這種特殊飲食並沒有臨床上的意義。

那為什麼無麩質飲食會跟減肥掛勾？推測原因如下：麵食、麵包類食品容易讓人發胖，但其實問題並不在於麩質，而是在於「糖分」和「油脂」。跟米飯類相較之下，麵食、麵包類大多經過精緻加工，容易跟大量的糖分和油脂一起吃下肚而不自知。

以一份市售的波蘿麵包（重約 100 克）為例，總熱量 375 大卡之中，糖分占了 66 大卡，油脂則佔了 117 大卡，剩下的部分才是澱粉和蛋白質。如果採用無麩質飲食法，改吃相同份量 100 公克的白飯，則熱量來源主要是澱粉，共約 150 大卡，等於立刻就減少了 200 多大卡的熱量，所以長期累積之下的確有可能會變瘦。

但是，重申一次，這樣的減肥原理跟麩質並沒有直接關係。與其說是無麩質讓人減肥，不如說是因為減少攝取精緻加工食品而減肥成功。

低 GI 飲食法真有效？

　　首先我們來聊聊什麼叫 GI，它其實是升糖指數（Glycemic Index）的簡稱，簡單來說就是代表我們「吃下去的食物，造成血糖上升速度快或慢的數值」。GI 值愈高的食物，造成血糖上升的速度就愈快；反之 GI 值愈低的食物，血糖上升就會比較緩和。

　　各種食物的升糖指數是怎麼知道的呢？我們先以葡萄糖當作基準：科學家們讓實驗者吃下 50 克的葡萄糖，然後抽血測量實驗者的血糖變化，記錄 2 小時內血糖上升的曲線，最後算出曲線下的面積總和（用數學積分的原理），並且將葡萄糖的 GI 值訂為100。

　　其它食物都是採用相同的實驗方法，然後把積分拿來和葡萄糖做比較，就可以得出這種食物的升糖指數。一般而言，我們說 GI 值 70 以上的食物屬於高升糖指數，GI 值 55 以下的屬於低升糖指數。那 GI 值 55-70 之間的食物呢？當然就叫做中等升糖指數（廢話）。

愈甜的東西，GI 值就愈高嗎？

　　這邊要先澄清一個常見的誤區：並非愈甜的東西 GI 值就愈高、

也並非不甜的東西 GI 值就很低。講一個最反直覺的例子：白飯的 GI 值是 84，香蕉的 GI 值是 55，是不是出乎你的意料呢？因為升糖指數的高低牽涉到糖的種類、澱粉結構，也會受食物中的蛋白質、油脂、纖維素影響。

不過我們可以給一個大方向：通常加工過的精緻食物 GI 值比較高，而原型食物的 GI 值比較低。同樣舉米飯為例：白飯的 GI 值是 84、糙米飯的 GI 值是 56、白米混和糙米一起吃則 GI 值可以降到 65 左右，是不是差很多？這就是為什麼我們常請糖尿病友把白米飯換成糙米飯、或者至少混和一些糙米來吃，可以讓血糖的數值更穩定。此外「先吃菜（或肉）、再吃飯」的方式，也有助於緩和血糖上升。

這時候有人就問了：「我上網查白米的 GI 值，有人寫 84、有人寫 72、也有人寫 87，到底哪個才是對的？」其實，這些誤差一點都不重要，你只要知道白米歸類在「高升糖指數」這類就夠了。現在網路上的資訊非常豐富，稍微查詢一下就能知道各種食物的升糖指數，但我們只要有個基本概念，能夠區分某樣食物的 GI 值屬於高、中、低哪一類，足以幫助我們選擇食物就夠了，不一定要探求精確的數字。

補充說明一下，某些純粹由蛋白質和脂肪構成的食物，比如雞蛋、牛肉等等幾乎不含碳水化合物，根據定義，它們應該是「無法」測量出升糖指數的，那為什麼網路上會出現這類食物的 GI 值資料呢？個人推測只是為了方便衛教而已。因為蛋白質和脂肪類食物確實比較不容易升血糖，我們給它一個較低 GI 值的概念，方

便民眾理解。畢竟假設醫師跟病人說「這個食物沒有 GI 值」，病人臉上應該會出現黑人問號吧！（然後醫師就要花更多時間解釋。）

低 GI 飲食的減肥原理

還記不記得前面的章節談過「肥胖的胰島素假說」：我們吃下碳水化合物（糖或澱粉）之後血糖會上升，胰臟就必須分泌胰島素來控制血糖，胰島素的主要作用在於促進細胞利用糖分，並且促進脂肪囤積。

在這個假說之下，如果我們吃了高 GI 指數的食物，血糖上升得比較快、會刺激胰臟分泌比較多的胰島素、也就比較容易發胖；反之如果吃低 GI 指數的食物就比較不會發胖。

所以，低 GI 飲食法可以減肥是真的嗎？有可能是真的，不過造成肥胖的因素很複雜，胰島素假說只能解釋其中一部分而已，我們還可以從其他幾個層面來看。首先，吃低 GI 食物之後血糖緩慢上升再緩慢下降，換言之就是「飽足感比較持久」，能夠減少我們吃零食或吃其它高熱量食物的機會，就比較不容易變胖。此外低 GI 食物通常都是原型食物，所以吃低 GI 的原型食物相對會比吃高 GI 的精緻食物容易減肥成功。

但也不要把事情想像得那麼美好，你必須知道食物的 GI 值跟「總熱量」是兩回事。白飯的 GI 值雖然高、糙米飯的 GI 值雖然低，但是兩者的熱量同樣是每碗 280 大卡左右，並沒有太大的差別。

你如果覺得糙米飯的 GI 值很低，就很放心地連吃兩碗，總共 560 大卡的熱量，反而會胖得更快。

　　再舉個例子，有不少富含油脂的食物其 GI 值也都很低，比如披薩、堅果等等。吃這些東西對血糖造成的影響的確不大，但是大家都知道這些食物的熱量很高，如果吃太多的話，恐怕這些油脂都要變成你的游泳圈跟蝴蝶袖了（好驚悚）。

　　結論：升糖指數主要是運用在糖尿病患的血糖控制上，如果要拿來減肥，低 GI 飲食法「可能」有幫助，但不是萬能的。想減肥的人請還是要搭配正確的飲食觀念，製造熱量赤字才會成功。

升糖指數（GI）跟熱量密度有何不同？

　　講到這邊，擔心會有讀者（有嗎？）把升糖指數跟熱量密度的觀念搞混了，蔡醫師在此先解釋：

　　熱量密度著重的是「熱量」，高糖高油脂的加工食品會有較高的熱量密度，減肥期間少碰為妙。尤其是富含油脂的食品，熱量密度非常驚人。

　　而升糖指數跟熱量無關，只看「造成血糖上升的速度」，主要取決於碳水化合物的特性，精緻碳水比如糖、麵食、麵包等等通常有較高的升糖指數，容易讓血糖大起大落。有趣的是，油脂會讓食物中碳水的消化吸收變慢，血糖不容易上升，所以一般來說富含油脂的食物反而有相對較低的升糖指數。

　　當然兩者也有共同點：都受到水分和膳食纖維的影響。我們推崇的原型食物富含水分和膳食纖維，一般來說都有較低的熱量密度，同時也有較低的升糖指數，一舉兩得喔！

代餐減肥，不如養成良好飲食習慣

「我的朋友○○○，最近幾個月都吃ＸＸ直銷公司的代餐，瘦好多喔！」像上面這樣的對話，大家一定不陌生。就連我也時常被朋友以及患者詢問，吃代餐減肥到底有沒有用？

在回答這個問題之前，我們應該要先了解什麼是「代餐」。因為絕對不是廣告宣稱可以取代一餐的東西就叫做代餐，真正的代餐是由主管機關嚴格規範的「特定疾病配方食品」，不符合規範的都只能登記為「一般食品」，而這些一般食品如果宣稱自己是代餐，主管機關可是會開罰的！

代餐需要符合法規

代餐屬於「特定疾病配方食品」中的「控制體重取代餐食品」，須向衛服部食藥署申請查驗登記，評估該配方食品取代正餐是否具有「可降低熱量攝入、輔助體重減輕等等」之檢測方式，且廠商須針對產品進行「人體試用試驗」，簡單說就是：代餐跟藥物很像，必須經過人體試驗證實有效才能上市。

因此，代餐必須完整地提供三大營養素（醣類、蛋白質、脂質）、膳食纖維、維生素、礦物質、微量元素等等，才可以拿來

取代正餐。而且原則上以一天取代一餐為限，不建議一天取代兩餐或以上。此外依據法規，每份代餐的熱量要小於 400 大卡（一般常見大約在 200-300 大卡之間），並且含有豐富的膳食纖維、相對較低的脂肪含量，以及其他可增加飽足感、延緩消化吸收之特定營養素或飲食成分。

再次強調以上都要有實證依據，不是自己想加什麼配方就加什麼。由此可知市面上成千上百種號稱是代餐的產品，絕大多數並非合格的代餐，為了方便區分，我們姑且稱之為「低卡餐包」吧！

代餐只是輔助，飲食習慣才是根本

大家最關心的應該是吃代餐到底有沒有效？先站在合格代餐的角度來看，答案是肯定的！如同前面所述，合格代餐都必須經過人體試用試驗，證實有效之後才能核准上市。至於市面上的「低卡餐包」有沒有減肥效果呢？老實說，只要壓低熱量，讓使用者達到熱量赤字，都一樣可以瘦下來。

我們不妨直接用熱量計算的角度來想：有些肥胖患者完全不懂得選擇食物，一餐可能吃進了 1000 大卡的熱量而不自知，這時候如果用一份 400 大卡以內的代餐來取代一餐，每天起碼就可以減少攝取 600 大卡左右，算起來兩週大約能減下 1 公斤脂肪。看起來速度雖然不快，但只要持續使用一段時間，也會有可觀的效果。

不過，雖然低卡餐包好像跟合格代餐一樣都能瘦身，但差別

在於有沒有兼顧前述「營養素均衡」的需求。如果低卡餐包只顧著壓低熱量，卻沒有提供均衡的營養素，那長期吃下來就跟極端的飢餓瘦身法差不多了：不但有可能瘦掉寶貴的肌肉，還要擔心營養不均衡、缺乏微量營養素的問題。

當然還是要提醒，如果你本身是個「食盲」，不學習認識食物、不找出適合自己的飲食模式，只依賴吃代餐減肥，那麼一旦停止吃代餐，復胖回去也是意料中的事情。

無論是代餐還是低卡餐包，都只建議當作減重的短期輔助，長期吃代餐的話除了花費相當驚人（一份代餐常常比一個便當還貴），也損失了很多享受食物的樂趣。長期而言我們還是應該建立對食物的認知、養成正確的飲食習慣，才能一邊享受食物、一邊維持身材不復胖。

間歇性斷食，餓出好身材？

　　近幾年除了生酮飲食、減醣飲食之外，「間歇性斷食」也是屬於知名度高、支持者眾的飲食方式，而相關的醫學研究更是與日俱增。

　　不過這裡要先說清楚，有些斷食主義者宣稱：斷食可以逆轉三高、治療胃病、預防失智症等等，彷彿斷食可以治百病？我只能說目前還在等待更充分的醫學證據，今天我們只把重點放在討論減肥上面。

間接性斷食是什麼？

　　「斷食」顧名思義就是「不吃東西」，但是不吃東西肚子會餓呀？而且不是說節食減肥會減掉肌肉嗎？的確，傳統定義上的斷食是不吃東西，但「間歇性斷食」是指「特定的時間吃東西，其餘的時間則少吃或不吃東西」。

　　間歇性斷食的流行要從 2012 年開始說起，英國 BBC 電視台的節目製作人暨主持人、同時也具有醫師身分的麥可莫斯里（Michael Mosley）發明了「5：2 斷食法」。執行方法是：一週裡有 5 天維持正常飲食、另外的 2 天則將熱量降低至 25%，比如

平常可以攝取 2000 大卡，則斷食日就只能攝取 500 大卡，所以實際上 5：2 斷食法不是不吃東西，而是在特定的兩天少吃東西。

我們不妨先以傳統的節食減肥法來跟 5：2 斷食法做比較。在每週攝取總熱量相同的條件下，前者必須每天忍受飢餓，很多人撐不過幾天就則放棄，或者偷吃零食結果減肥成效不彰。後者一週只有 2 天需要忍耐，其他 5 天可以正常的吃東西，因此有些人可以長期堅持下去。

另一種主流的間歇性斷食方式叫做「168 斷食法」，168 其實是 16：8 的簡稱。這個方法是指在一天裡面有 16 個小時斷食不吃東西，然後在我們稱之為「進食窗口」的 8 小時內把東西吃完。比如早上 10 點吃早餐，接著午餐可吃可不吃，然後晚上 6 點吃晚餐，這樣就能控制在 8 小時內吃完東西。

你可以想像，接下來就有更厲害的 18：6 或 20：4 斷食法等等紛紛出爐，理論上斷食時間愈長，進食窗口愈短，減肥的效果應該就愈好！那要怎麼安排三餐呢？有一個方法很簡單，就是少吃一餐嘛！早餐直接省略，中午 1 點吃午餐，接著 5 點吃晚餐，除此之外的時間都不吃東西，20：4 斷食法就可以完美達標。甚至一天只吃一餐的人我也是聽説過。

斷食其實有很多好處，比如：第一，增加燃脂的時間。第二，斷食狀態可以給身體適度的壓力，刺激組織修復、汰舊換新。第三，讓胰臟休息（減少胰島素分泌），也改善肝臟以及肌肉的胰島素敏感性。

補充説明一下，斷食期間不能吃東西，技術上來説是「不能

吃有熱量的東西」，所以水、氣泡水、黑咖啡、無糖茶飲等等都是可以喝的，畢竟缺乏水分會有生命危險。

優缺比一比，斷食好不好？

說到這邊，你應該不難理解什麼樣的人適合間歇性斷食了。第一要件是：不怕餓的人！原因很簡單，斷食期間一定會肚子餓呀，如果你是肚子餓就會發脾氣的人，或者會忍不住偷吃零食的人，那最好是不要考慮間歇性斷食了。

不過間歇性斷食也有優點，比如說沒時間準備餐點的人，與其亂吃外食，倒不如就跳過一餐別吃了。睡到中午才起床的人，等於早餐自動省略好方便。還有不吃東西當然就不用花錢，省下來的錢可以改天拿去吃大餐。

不過要提醒，糖尿病友必須考慮到降血糖藥物的使用，在斷食的狀態下某些藥物（如 SU、glinide、短效胰島素）可能引發低血糖。另外還有一個現象叫做次餐效應（Second-meal effect），研究發現糖尿病患者如果沒吃早餐，則在吃午餐的時候血糖反而會比平常更高！所以如果糖友想執行間歇性斷食，一定要先跟你的主治醫師討論，並且做好血糖監測。若你還有其他慢性病，比如高血壓、高血脂、肝炎、腎臟病等等，也請你在執行間歇性斷食之前務必跟你的主治醫師討論。

既然間歇性斷食聽起來不難，為何還常聽到朋友抱怨「我每天只吃一餐，怎麼還是瘦不下來？」，這是因為缺乏正確飲食觀

念的人，吃一餐的熱量就有可能超過別人的三餐呀！這樣的人執行間歇性斷食也沒意義，因為他並沒有創造出熱量赤字。

　　所以執行間歇性斷食就一定會瘦下來嗎？當然不是！進食窗口的飲食內容也不能隨便。了解你的食物、建立正確的飲食觀念，再配合間歇性斷食才稱得上是如虎添翼。而不是一邊吃著垃圾食物，一邊又想要藉由間歇性斷食的魔法來讓自己變瘦。

健康　瘦身

間歇性斷食會不會像節食一樣瘦掉肌肉？

　　蔡醫師多次強調：節食減肥容易減到肌肉，尤其是對於肌肉量已經不足的泡芙人來說，再減掉肌肉無疑是雪上加霜，會讓自己基礎代謝率更差、更容易復胖。

　　在執行間歇性斷食期間，很有可能出現熱量攝取過低的情形，那會不會減掉肌肉呢？根據醫學研究，間歇性斷食反而比節食減肥法更能保住肌肉不流失！目前認為這跟斷食期間造成體內荷爾蒙（比如生長激素等）的提升有關，但也要搭配充足的蛋白質攝取量以及適度的肌力訓練，才能達到最佳效益。

減肥藥不是仙丹

　　根據我長年以來的觀察，發現民眾對於「減肥藥」的瞭解嚴重不足，卻仍然前仆後繼的購買使用減肥藥。而多數減肥門診也為了迎合民眾快速減重的需求，往往大量使用非正規減肥藥，只求快速見效、罔顧病人健康，讓人十分憂心。本篇文章就是要揭露外界所不知的減肥藥真相。

台灣的正規減肥藥目前只有兩種！

　　所謂「正規減肥藥」就是真的有取得衛福部食藥署許可、專門用於減肥的「處方藥」，台灣目前就只有一種口服藥「Orlistat（奧利司他）」以及一種針劑「Liraglutide（利拉魯肽）」。沒錯，就只有兩種，如果你吃的或用的不是上述這兩種，恭喜你拿到的絕對是「非正規減肥藥」或者「營養保健品」！

　　不過，奧利司他這個藥已經過了專利期，現在市面上有很多成分相同的台廠學名藥，或者將劑量減半並且放在藥局販售的產品，也都算是正規減肥藥喔。

　　這邊簡單說明一下兩種減肥藥的作用機轉。「奧利司他」作

185

用在腸胃道，它可以阻斷一部分油脂的吸收，是真正的「油切」藥品（相較之下，其他號稱油切的食品、保健品其實是幾乎沒效）。對於高油脂飲食的西方人來說效果特別好，對東方人而言當然也有一定的作用。但副作用就是腹瀉、排油便、放油屁等等，可能對使用者造成生活上的困擾。

「利拉魯肽」俗稱「減肥筆」，原本是用來控制糖尿病的針劑，後來發現減重效果卓越才開始被用於減重，一直到 2020 年才在台灣拿到食藥署的減重適應症，成為目前唯二合法的減重藥物。它的作用機轉分為兩部分：第一是延緩腸胃道排空，簡單來說就是讓消化吸收變慢，飽足感可以持續比較久。第二是作用於腦部下視丘，抑制神經肽Ｙ，造成抑制食慾的效果（詳細可回頭參考「掌控胖瘦的 7 種荷爾蒙」篇）。我知道你可能會說「抑制食慾？但我又沒有亂吃」，事實上很多人也都這麼說，但研究結果顯示用了這個藥幾乎都可以瘦下來，可見這些人確實原本都是亂吃，自己怎麼吃胖的都不知道。這個藥物比較常出現噁心、嘔吐等等副作用，所以必須從低劑量開始施打，再逐漸提升劑量，通常症狀會隨著時間而緩解。

研究顯示上述這兩種正規減肥藥的效果大約是「一年減少5%-10% 體重」，而正規減肥藥的好處是做過全球性、大規模的臨床實驗，因此效果得到醫學證實，安全性也有保障。此外正規減肥藥屬於「處方藥」，意即需要醫師處方才可以開立，如果沒經過醫師處方就在藥局販售，屬於違法行為，請務必注意。

非正規減肥藥你敢吃？

　　「非正規減肥藥」是大部分減肥診所的主力藥品，其正式名稱應該叫做「非適應症使用」（Off-label use）。因為它們都是需要醫師處方的「藥品」，但並不是專門為減肥而研發的，而是抗憂鬱藥、交感神經興奮劑、利尿劑、甲狀腺素等等原本用於治療其他疾病的處方藥，只是吃藥產生的「副作用」讓人體重下降，所以被拿來當減肥藥濫用。

　　減肥門診最常見的大絕招就是「雞尾酒療法」，意思是像調雞尾酒一樣，各種非正規藥物都加一點，全部混在一起給病人吃下去效果才會好。如果你去看過減肥門診，或者朋友吃過減肥門診的藥，仔細想想是不是五顏六色的藥丸、一次吃一大把呢？對，那就叫做雞尾酒療法。

　　非正規減肥藥常被濫用的原因是成本低廉，用一天份的藥價來計算，大概是正規減肥藥的三分之一都不到。假設你去的減肥診所收費都差不多，你覺得有多少醫師會乖乖使用三倍成本的正規減肥藥？

　　這些非正規減肥藥有沒有效呢？似乎是有效的，所以才會被濫用，但別高興得太早，我先來潑你一臉冷水，因為這類的用藥都有兩大問題。第一是副作用多、風險高：每一種藥都有它的副作用，那你把一堆藥混在一起做雞尾酒療法，副作用當然也是超級多，比如心悸、噁心、脾氣暴躁、便秘、失眠等等不勝枚舉，三不五時會傳出病患吃了減肥藥物後猝死、減肥診所醫師挨告的

新聞，吃的就是屬於這一類藥物。

第二是體重會報復性反彈：這類藥物讓人快速減重，必定會減掉不少的肌肉，一旦停用藥物就會快速復胖，形成「溜溜球效應」，是減肥的大忌！我認為這類的非正規減肥藥害人不淺，希望讀者看完這篇文章之後能夠有所警惕。

吃營養保健品總可以吧？

最後講「營養保健品」。很簡單，所有能在網路上或者藥房買到，不須醫師處方就能取得的產品，都是屬於營養保健品。什麼甲殼素、奇亞籽、藤黃果、非洲芒果等等以下省略五百字，或者任何名字聽起來很厲害的東西通通都是營養保健品。營養保健品不可以宣稱有任何療效，否則就是廣告不實，所以電視廣告常被罰錢就是這樣（不過我相信他們賺的錢遠遠大過於被罰的錢）。

當然也有不肖業者在營養保健品裡面添加減肥藥（正規或非正規都有可能），以達到減肥效果，但這時候要考慮的就不是效果問題，而是違法以及安全性的問題了。

那麼營養保健品有沒有效？答案是：不確定！客觀來說營養保健品跟「食品」屬於相同等級，那你覺得吃食物有沒有減肥效果呢？想想看如果那些現有的食品、營養品可以有效減肥，那歐美的各大藥廠為什麼不直接研發食品萃取物就行了，而是要投資上億美元去研發減肥藥？難道這些大藥廠的腦筋都不清楚嗎？應該是相信這些營養保健品有效的人自己沒想清楚吧！

其實我發現很多人花錢買營養保健品只是抱持著「碰碰運氣」

的心態，因為自己不願意改變生活型態，寧可花錢買產品，心想：如果有效就是賺到，沒效也只是損失一些錢而已。我建議這些人早早認清現實，腳踏實地學習飲食以及運動觀念，才比較有機會減肥成功。至於這些用來買保健品的錢，拿去買優質的原型食物吧！

別被想減肥沖昏頭

　　這篇文章主要是希望大家能對「正規減肥藥」、「非正規減肥藥」以及「營養保健品」有一個基本概念，不用再被廣告商品和少數無良的減肥診所牽著鼻子走。即便是正規減肥藥，也應該當成減肥的短期輔助就好，總不會有人用藥一輩子。

　　至於為什麼我崇尚不用藥？因為其實依照我的指導方式，不必吃藥、不買保健品，光靠飲食和運動減掉超過 10% 體重的可是大有人在，包括我自己以身作則半年也減重 10 公斤，約為原體重的 15%。我認為減肥最終還是要回歸到良好的飲食和運動習慣，才是能永遠不復胖的長久之計。

PART

5

減肥沒有奇蹟，只有日常：
案例篇

46 歲大嬸的逆襲！
飲食控制反而是一種自由

　　家族有糖尿病史、三高及痛風，人稱高雄李英愛的她是家中第一個小孩、第一個孫、又是獨生女，所以記憶中，她真的是以「灌神豬」的方式被餵食長大的，小一就 25 公斤（印象很深刻外公笑她是半包水泥、吃歐羅肥），一路胖到大學畢業後上班第三年。當然，自卑是一定的，念大學時就發生過接近喜歡的男生卻因為身材被拒絕……。

　　嘗試無數的減肥方式也是一定的，她跟藥商買過正規減肥藥，結果沒效。25 歲時，她繼續靠不明的減肥藥物、極端的低熱量，不到半年就減了 20 公斤，瘦到成年後人生最低點（BMI = 19），也就在那時候遇到她現在的先生，所有的美好都在那時候發生了（撒花瓣），然而也只維持了短短的 3 年，就又胖回去。

　　抱著「啊反正已經結婚了」的想法，結婚後的她持續變胖，又開始吃來路不明的減肥藥，但效果已經不好，減肥藥也不太敢再繼續吃下去。直到懷孕期間，因為飲食不忌口總共重了 13 公斤，期望生完後全母奶會爆瘦的她，最後希望還是落空了，她其實只是瘦回懷孕前的體重而已。

厭倦胖胖瘦瘦，想健康的活著

小孩兩歲多時，英愛捐出一個腎，那時候她的 BMI 高達 29.2（身高 158 公分，體重 73 公斤），體脂肪是驚人的 43%，動完手術後，想到孩子還小，她內心的念頭是：「我想著要健康活著。」

2000　2003　2005　2008　2009

● 從小就是肉肉的英愛，始終擺脫不掉瘦下來一點又復胖的困擾。

厭煩這樣胖胖瘦瘦的她，開始想著改如何瘦下來。每次減肥都很辛苦，然後過沒多久又失敗，難道就這樣胖一輩子嗎？她考慮過手術抽脂，可是怕麻醉醒不來，或者術後壓力衣要穿很久一定會被發現（哎呀高雄李英愛是有偶像包袱的）。她也被醫美診所的冷凍溶脂廣告看板給深深吸引住，看起來好像不痛，但是真的有效嗎？瘦下來是不是要花100萬？結果因為太貴而打退堂鼓。她甚至對直銷的營養輔助品心動……，就在這時候，英愛遇見蔡

醫師，加入線上瘦身社團，原因無它：因為費用最便宜。沒有想到這個社團是玩真的，她最後居然在第二期課程結束的前夕達到中程目標：減去體重 16 公斤，其中 15 公斤都是脂肪！！

當時英愛的 BMI = 22，體脂肪率 28%，以身高 158，體重 54.8 而言，雖然不似名模，但看起來已經不胖，至少是正常人標準值了。買衣服可以毫不猶豫地拿 S 讓她感覺很驕傲，就算還有點緊，也很自信有朝一日可以穿進去；甚至已經可以穿上 XS 的自行車衣！雖然還沒有回到 20 年前剛認識先生時的 48 公斤體重，但這些年來一直捨不得丟的幾件指標戰服，已經可以輕鬆拉上。

飲食控制不是剝奪，是取捨

由於個性本來就很邊緣，加上減重期間減少外食，深居簡出半年多，英愛說她一露面就造成很多朋友的驚嚇。紛紛問是用什麼方法瘦下來？是運動嗎？有特別吃什麼產品嗎？但當她回答「飲食控制」，通常朋友都會露出一個很不可置信的表情，然後還是繼續亂吃。她在心裡想說：「原來我也可以笑別人亂吃了呢，好吧隨便你們（攤手），用蔡醫師的說法就是『繼續當個快樂的胖子吧！』」

跟著蔡醫師減重以來，英愛最大的感受是：因為知道如何自律，而擁有了更大的自由。現在她對食物不會有很強烈的慾望，但這來自於明白自己並沒有被「剝奪」，而是自願選擇「取捨」。想吃還是可以吃，不過當天的其他食物必須減少，或隔天少吃就

好，於是執念也就漸漸放下了。

　　也因為她對食物的選擇與判斷，有著更得心應手的偏執，現在她看到任何食物第一個想法是：「這屬於六大類食物中哪一類？」、「吃了對健康有益嗎？」、「這一餐有吃到蛋白質和膳食纖維嗎？」連家人都很驚訝於她如此慎選食物，特別是英愛的媽媽，一向很美很瘦，從小就一直嫌英愛很胖，直到之前協助媽媽設定 App 中的身高體重，才赫然發現自己終於有比媽媽瘦的一天啊（遠目落淚），而且現在換成她在指導媽媽減肥了呢！

　　最有趣的是，健康餐盤、熱量控制、原型食物的概念，讓英愛家的狗也跟著瘦了，14 歲的老狗在 6、7 個月內瘦了快 5 公斤（27 公斤→ 22 公斤），關節炎發作頻率減少非常非常多，醫藥費省不少，獸醫也覺得不可思議。

瘦只是階段目標，維持健康沒有終點

　　由於瘦得明顯，英愛走路也有自信了，以前總是盡量縮小腹，怕撞到人，現在則是抬頭挺胸、優雅地四處找鏡子照。加上開始運動後，她最大的感受是體力變好了！以往走個路就會踝關節痛很久，現在幾乎都不痛了，還可以自己騎腳踏車騎 100 公里；跟同伴爬山，別人大腿發抖，她發現自己不會抖、不會喘了。原來用正確的方式對待身體，身體就會回饋，原來自己的體重就是最大的負擔！雖然仍然沒有養成規律的運動習慣，但她正在慢慢尋找持續運動的動機，而且最重要的是她學習均衡飲食、運動之後，除了變瘦，整個人生的態度似乎也都改變了。

● 減肥前後，穿上同一套衣服的效果完全不同了！

　　「每次回答我是怎麼瘦下來的時候，自己都會有點新的領悟，那就是，人類終其一生都在尋找救世主，期望自己被救贖、被拯救，從此幸福快樂，殊不知也不相信：力量就在自己身上。」她說，舉凡現在很多人都喜歡伸手牌求懶人包，卻不自己找資料（或根本不知道怎麼找資料）；很多人嫌棄要評估每一份食物、輸入App計算熱量很麻煩、很辛苦，但花大錢買代餐、營養品卻一點都不手軟（當然最後也是失敗作收，因為總有理由可以怪別人，比如代餐太貴買不下去、不能吃一輩子、斷貨了等等，而永遠不檢討自己）。

　　她認為相較於那些各式各樣的無澱粉、生酮、代餐、營養保健品、手術等等，蔡醫師提供了最簡單省錢、輕鬆又永久有效的方法，讓這麼多人重拾健康，真的很不簡單。用「完全正向的健康促進行為改變模式」為概念，從認識飲食，了解每一種、每一

口吃入的食物對身體的正反影響，不靠代餐、不靠藥物、也沒有食譜，一點都不神奇，完全是自我學習、管理、認知跟控制，成敗都在自己。挫敗了就藉由團體力量讓自己站起來再繼續！告訴自己：放棄很可惜，一定可以做到的，不要放棄，不要再給自己藉口了！

● 用正確的方式對待身體，除了減去體重，還換得自信跟優雅。

　　至今，英愛的體重體脂肪居然又掉到人生新低（52.2 公斤，26.5%），甚至訂下目標是體脂肪率可以低於 25%，甚至 20% 以下，還給自己立下一個騎腳踏車從清境上武嶺的挑戰，也因而需要開始增肌。但她知道，這些目標都只是一個階段成就，正確且健康的飲食和運動永遠沒有終點。

減去 20% 體重，
地方媽媽華麗變身健力選手

　　這些照片中的子誼，都是 62 公斤。為什麼要放這麼多張減肥失敗的照片呢？因為她自己每年都喊著要減肥，但 7 年來沒有一次成功。

● 喊著要減肥卻始終沒有脫離 62 公斤的子誼，當時沒想到自己能成功。

　　直到最近的這一次，她心想年近 40、健康狀況逐漸走下坡，

好像不認真一點減肥都不行。她也有一個夢想，希望如果活到 90歲，晚年的自己能自主生活，就算滿臉皺紋也不需要看護攙扶、不用坐輪椅就能上街喝咖啡、買菜自己下廚，天氣好就到舒服的湖畔寫生，或是在自己的院子拈花惹草，然後當然後要繼續盡情探索這個世界。

方向清楚、方法人性，就會瘦

有了決心，子誼認為自己還得跟對老師、用對方法，但她的生活型態無法負擔自費減重門診的時間和交通成本。後來間接得知有一位蔡醫師開設線上減重班，加上身邊 2 位朋友都很推薦這個課程，就半信半疑的報名了。

沒想到，當時進入社團的前 3 個月她就減重了 5 公斤！子誼認為主因是方向很清楚、方法很人性。沒有讓人餓到手發抖的仙女餐，也沒有苛刻難以執行的運動課表，一切就是先建立觀念、從日常生活中去改變飲食習慣。而且，看過蔡醫師的線上直播影片若有問題，都可以到社團發問，等於有一整個線上諮詢團隊陪伴她逐步修正調整飲食方式。

看著社團持續優化課程內容、蔡醫師幫助上千位學員減重、養成健康的生活習慣，子誼表示每次回想都很感動，也開心自己參與其中。先不說別人，光是她自己的人生就因此產生劇烈的變化。因為她 2 年前在醫師督促下減去將近 20% 體重，之後開始接觸肌力訓練。一路走來的運動頻率是這樣：持續一年每週 2 堂團課→持續半年每週 2 堂團課 +1 堂教練課→持續半年每週 1 堂教練

課＋居家自主練習（至今進行中，即使 2020 年的疫情也沒有中斷她的運動習慣）。

肌力訓練，從痛不欲生到樂此不疲

子誼說，她還記得剛開始運動時，前 4 堂團課根本是「用爬的」離開健身房，上樓梯大腿會發抖，去小吃店遇到蹲式馬桶得用分解動作才能站起來。當時到底有多弱呢？棒式 60 秒還可以、90 秒就全身發抖，貼牆深蹲只能撐 30 秒，扣掉暖身和收操，剩下的 40 分鐘要靠意志力才能撐到下課，還好當時有同事一起上課互相鼓勵，讓她度過最難的第一步。

● 養成運動習慣後，子誼嚐到了身形更緊實的甜美果實。

然而，運動習慣維持到第三個月之後，她開始嘗到運動的甜

頭，生活日常的行動比以前靈活，提 5 公斤的衣服到頂樓曬依然健步如飛，陪小孩在公園玩鬼抓人也能在 3 分鐘內追上（想想還沒開始運動之前，她有次追小孩追到臉色慘白心悸躺在公園椅上，小孩還嚇到以為媽媽要升天了）；而逐漸提升的體能和經過教練調整發力姿勢等等，也讓過去腰酸背痛和找不出原因的疲勞都煙消雲散。此外，規律運動的複利效果很明顯，她的身形更緊實了，若真要挑一個缺點，她笑說：「就是一旦養成習慣，不運動還會全身不舒服，隨時隨地都想動一下啦。」

因為 40 歲，子誼在平常練習的健身房算是高齡，每次上課都被投以敬佩的眼光。而看著生理年齡小自己 10 歲甚至 20 歲以上的健友硬舉的姿勢很威猛，她居然燃起「我好像也可以」的念頭，加上教練的推坑，子誼不知道哪來的自信竟然跟著一起報名「長青組單項硬舉比賽」，這個決定讓她的家人一度很擔心，認為她幹嘛參加「那個看起來很危險的比賽」。

回想起出社會幾乎不運動的自己，子誼說她總是用「會心悸」當作理由閃躲一切跟體能有關的活動，但真相根本是體重超標加上體能太差！而這樣的她居然有一天會參加運動賽事？備賽過程重頭戲讓我們看下去。

地方媽媽也能參加健力比賽？！

確定參賽之後，子誼才驚覺原來準備過程是一連串的科學計畫：體能、睡眠、營養、技術（姿勢）和心理素質環環相扣。透過漸進式的訓練堆疊累積體能，透過規律的練習讓身體習慣發力

的姿勢，睡眠和營養則是考驗著參賽者的自律。

　　由於她並不是職業選手，時常處於多工狀態在工作、育兒、生活之間擺盪，光是要把上述四個關鍵調整到最佳狀況，就必須透過事前計畫和高度自律、有意識地提醒自己要注意飲食和睡眠。她也並非一開始就操作順暢，時常睡飽了但碳水沒有補足，或是有吃足營養但睡眠品質不佳，這些都會影響訓練時的體能表現，也就是俗話說的「力不從心」，想發力但就是拉不起來。

　　因為狀態不佳導致姿勢無法到位、狀態調整好了又恐懼沒有嘗試過的重量，高敏感的性格時常讓子誼自責到焦慮不已，期間反覆咒罵自己沒事找事做，幹嘛來嘗試比賽。她這才發現，透過這次賽事，最最最困難也是一開始沒有料想到卻收穫最多的部分是「心理素質」。備賽中的挫折感常像黑幕一樣說來就來、直接覆蓋讓人無法閃躲，不是幾句「你可以辦得到！」、「要相信自己！」的雞湯口號就能重拾自信。

　　幸好，她的教練 Leona 花了很多心力陪伴強化心理素質，像剝洋蔥一樣手把手帶她找出焦慮的原因，也學習和挫折感共處；教練 Jay 也在運動訓練方面提供專業協助；蔡醫師也沒閒著，聽聞這場賽事比子誼還興奮，除了精神鼓勵還給了實質贊助（賽服、交通費、住宿費）。

　　回想整個過程，子誼認為運動比賽是一門藝術，備賽過程就像一張縝密的蜘蛛網，每一條絲線都必須搭配得宜又要保持彈性才能讓蜘蛛優雅地彈跳捕捉獵物。而專業有價，這也是為什麼她很鼓勵沒有運動背景的朋友可以尋求付費的專業教練課程。

● 子誼參加長青組單項硬舉比賽，獲得女子亞軍。

掌握自己的身體，就能掌握人生主導權

　　回顧這兩年的變化，子誼說，過去朋友對她的印象就是「胖胖的、很喜歡下廚吃美食的地方媽媽」，加上每隔幾個月都會看到她的「減重宣言」，其實包括她自己在內沒人相信她會成功。沒想到這次她真的瘦下來了！而且，除了衣服尺寸小了2號（從40到36）。接觸運動也連帶影響她的生活態度，知道透過練習，自己是有無限可能的，可以掌握自己人生的舒暢感讓她更快樂。此外，減肥和運動習慣養成的過程，也讓她心理強度跟接受挫折的韌性提升一倍，包括後來子誼開始創業，她都認為要不是這些經驗，真的沒把握自己可以在一個月內順利調適身心狀態。

　　改變習慣的過程真的很不輕鬆，未來肯定也還有很多困難要克服，但子誼說她已經不擔心，有了這2年養成的習慣和身心狀態，她相信50年後自己一定會是一位可愛的老婆婆，擁有美好的人生，並且一直健康快樂下去。

要瘦，從擺脫「食盲」開始吧！

從小到大，小玉一直是中等偏肉的身材（好聽一點是豐滿啦），因為運動量大，被說成胖子是不至於，但她和「瘦」也絕對扯不上關係。

高三那年，課業壓力讓她完全沒運動且不忌口、想吃就吃，胖到 63 公斤，以為是生涯的巔峰，其實還早呢！

壓垮「厚片人」的最後一根稻草

雖然上大學那年暑假靠著有氧運動降回 60 公斤左右，但大學真是美好的年代，小玉說她離家唸書後，三餐外食吃吃喝喝，如炒麵炒飯、鐵板麵、地獄拉麵、豬排蓋飯⋯⋯都是她的最愛。什麼是減肥她不知道，只知道心儀的男生曾經對她說：「我可以接受不漂亮的，但不能接受胖的！」

她心碎了嗎？顯然還不夠，之後幾年，小玉遇到欣賞她的男生，靠著戒掉含糖飲料瘦了一些之後，就幸福又有自信的塞進禮服結婚了。婚後，小玉生了兩個小孩，仗著自己餵母奶，不管三餐如何吃，體重都順利下降，甚至讓她比孕前更瘦，衣服根本不用重買、能輕易塞回去。

　　但可怕的事情來了，餵母奶時因為容易餓，她養成的大食量在停餵後一時收不回來，所以在第二個孩子斷奶後，小玉的體重又開始上升。此外，必須配合小孩喜好去選擇外食，炸物、奶油義大利麵、燉飯、果汁……，等她回過神來，才意識到自己已經胖到 67 公斤，體脂肪率超過 35%，身上的肥油愈掛愈多，腰間肉愈來愈滿溢，以前躺下來會微凹的肚子也不再凹了。

　　當時的小玉曾嘗試過調整飲食瘦身，但生菜沙拉吃不到兩星期就心灰意冷，她說：「嚼草讓我好痛苦，我心想人生有需要這麼煎熬嗎？」幸而令人讚嘆的服飾業讓她永遠有衣服可買，愈穿愈鬆，再套上流行的寬褲，一切都還是那麼的自在。只是面對照片的時候，小玉會有點尷尬，但她想，反正媽媽的恥力很夠，每天除了上班就是繞著小孩轉，重心根本沒放在自己身上，何必要讓自己因為減肥苦上加苦？

　　沒想到，壓垮她這個厚片人的最後一根稻草來了。某次躲不掉的員工健檢，讓小玉發現自己有脂肪肝，Inbody 更是石破天驚地顯示她的體脂高達 35%。於是，羞恥心終於覺醒的她，決定要好好督促自己踏入健身房開始運動，但讓她沮喪的是，連續幾個月的教練課，每個月量體重體脂的結果是：竟。然。都。沒。有。變。瘦！瘦的只有她的荷包！

擺脫食盲，走上瘦身道路

　　一直想著自己為什麼運動也瘦不下來的小玉，因為蔡醫師的一場直播，讓她對減重社團產生了興趣。小玉說，蔡醫師是她過

去在成大醫院的老同事，但她很多年沒看到「動態鏡頭」前的他了，沒想到瘦了好多，看起來狀態也很好！就這樣，她也因此被吸引加入社團，決心好好走上正確的瘦身之路。

「我學到的第一件事，就是學著擺脫食盲身份。我是進入社團之後才發現，雖然自己身為醫學系，但對食物的認知竟然如此薄弱與偏差，當年營養學根本白唸了。」小玉表示，她長年對於「明明沒有吃很多，怎麼還是胖」以及「為什麼去了健身房還是沒瘦」的疑問，都在弄懂了 BMR 和 TDEE 之後獲得了解答。而蔡醫師科學化、漸進式的教大家選擇食物、估算熱量等方式，也讓她開始學會選擇適合自己的健康飲食。

比如一直以來愛在閒暇日去吃早午餐（OO 蛋吐司、特酥蛋餅、XX 漢堡、鮮奶綠）及上班日總是三明治配奶茶的她，就因此全面翻新自己的早餐內容，自己練習準備早餐餐盒，用優格、麥片、蛋、無糖豆漿、水果，來取代之前的早餐。

説也奇怪，本來上班到 11 點就會瘋狂肚子餓、早上沒喝奶茶就會昏昏欲睡的她，發現改變飲食習慣之後，竟然可以精神奕奕到中午。

而不愛吃生菜的她，也開始會下廚準備自己喜歡的溫沙拉了，就連平日煮晚餐的老媽在她的指揮逼迫之下微調菜色，吃著吃著都一起瘦下來。

至於不可避免的外食聚餐，小玉也遵照蔡醫師跟營養師指導的原則來選擇食物。一直以為無法克服的種種困難，就這樣透過努力降到最低。手機裡一張張記錄餐盤的照片，對比第一天被突襲檢查的 NG 三餐，都代表她的進步。

● 飲食控制也能吃得豐盛又飽足。

正確飲食習慣，一輩子受用

就這樣慢慢的，忙著吸收新知跟用正確方式飲食運動的小玉，不合身的舊衣又回到她身上了。身邊的同事開始對她說：「咦妳瘦了？妳的背影差好多！」

本來照鏡子只看臉的她，也漸漸敢在鏡前檢視自己的身材體態。加上原本就持續重訓的努力，小玉的體重在減肥第 9 週竟出現了國中以來從沒看過的 5 字頭！

更神奇的是，即使社團課程結束後，體重還在持續下降，完全沒有復胖的問題。

最近一次小玉的體重數據已來到 52 公斤，體脂肪率 21.4%，她知道只要走在正確的方向，目標就會離她愈來愈近。

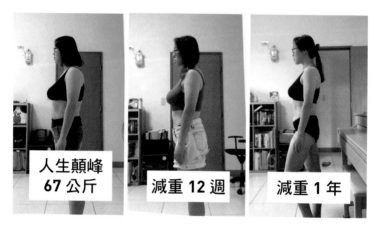

● 小玉的身形變化史。

　　餐餐吃得飽，且在體重計上找回喜悦和希望，小玉表示，從前羞於説出減重兩字的她，已經學會不在意別人的眼光，拒絕誘惑餵食，選擇適合自己的食物。她説，瘦身不是為了討好取悦誰，而是為了自己、家人去追求健康，好的體態也讓自己更快樂。而階段性的減肥成功後也不是結束，只是開始，因為她學會的飲食運動觀念，將能受用一輩子！

錯誤中學習，戰勝多囊性卵巢症候群！

　　大學時代的蘭卡因學校有健身房，每天都跟室友去運動，又剛好學生時期沒什麼錢，很常只吃自助餐的飯菜，她身高 161 公分，當時體重 51-52 公斤，雖然不是極瘦但也還算標準。至於為什麼會變胖？她一直覺得是「多囊性卵巢」作祟。

　　101 年底，因為蘭卡生理期 3 個月沒來，去婦產科檢查，被診斷多囊性卵巢症候群。當時體重約 56-58 公斤，醫生說她並不胖，她也相信自己應該是多囊裡的瘦子，從此開始規律吃藥（Metformin）、回診、抽血追蹤。

　　大概是因為當時被朋友笑胖，而三餐剛好都外食，她便開始嘗試在超商看熱量吃東西減肥，但當時的方法不正確：吃太少，低於身體的基礎代謝率！所以，雖然瘦得很快，卻始終覺得體態還是肉肉的。即使後來每天跟著鄭多燕運動，甚至不吃晚餐只喝一罐 500ml 的無糖優酪乳，但體態還是沒有明顯的改善。

　　後來蘭卡換了需要長時間久坐的工作，多囊的療程也結束了，學習烘焙之後又更懂得吃甜點，常常週末就品嚐特別的甜點切磋自己的所學，加上同事間會分享小零食等等，103 到 104 年間她一年就胖了 8 公斤！體重來到新高的 63 公斤，同時經期又開始不規律，理所當然又自認為是多囊害的，卻不想回去吃藥，想先

靠自己減重。於是她開始每週 2 天做運動、游泳等等，但運動完後卻會和大家聚餐吃飯，體重依然紋風不動。她說，變胖後的自己完全不想出席以前同學、同事們的聚會，每次都在思考到底要怎麼遮！

● 體重來到人生新高的蘭卡，直說自己出門永遠想著穿衣如何才能顯瘦。

那時候，經常看到藝人變胖的新聞，讓蘭卡更加篤定「我變胖都是多囊害的」這個推論，於是去中醫治療，期望在控制多囊後能變瘦，卻只是不斷嘗試減重卻也不斷失敗。

原來減肥也需要從錯誤中學習

蘭卡說，直到看到蔡醫師所寫的關於多囊性卵巢的文章，以及減重社團的消息，轉機才出現。她初期也因此調整了很多觀念跟做法：

　　1、重新認識自己吃進去的食物。其實認識基本六大類食物對她來說並不困難，但以前沒有做到「量化」這件事，幾乎都是憑感覺在吃。比如說，總認為自己已經不喝有糖飲料了，怎麼還會胖？但細想下來幾乎每天下午都會打開零食櫃吃東西。此外，因家裡不開伙，晚餐總是外帶回家吃，討厭吃便當的她通常會選擇炒飯、炒麵、湯麵、燴飯等，假日更不用說也是一直吃吃喝喝。

　　2、了解 BMR 與 TDEE。蘭卡過去總用吃不到基礎代謝率的方式減肥，是因為害怕面對體重機的回彈，只要體重機多上升 0.1 公斤都會覺得不開心，所以又逼自己吃更少，然後又更不開心自己只能吃這麼少！直到聽了蔡醫師的方式，才用科學的方法減重，了解最適合自己的攝取熱量，與設定食物種類的百分比，開始學習在這個熱量中發揮吃東西的最大效益。漸漸的，她體會到怎樣能吃飽但體重不回彈，例如：晚餐只剩 400 卡的扣打，如何在 400 卡內吃到最多東西，也不太有罪惡感，像是一包麥 X 勞大薯就超過了 400 卡了，吃完可能心情很爽但還要再吃個漢堡才會飽，真的只能當快樂的胖子啊！

　　3、認識什麼是有效運動。「為什麼我在運動了，體重卻都沒有下降？」這是蘭卡以往的疑問，後來才發現自己每週的運動根本只有 1 個小時，也就是 60 分鐘！遠低於 WHO 和國健署宣導的每週運動 150 分鐘這個數字！於是她開始增加運動時間，下班後快走、去運動中心報名飛輪課程，然後也接受蔡醫師的建議：運動完也不能吃過頭，以免消耗掉的又通通補回來。

雖然糾正了自己過去不當的減重方式，但蘭卡發現初期的減重過程並不如想像中那麼順利：體重下降緩慢，一直停留在 2 公斤並且上下浮動。她反覆檢視著自己的 App 飲食紀錄，直到蔡醫師再度耳提面命的說不要多吃運動的熱量，忽然她像是腦袋被敲醒一樣，終於找到自己的 bug：在使用 App 記錄飲食時，最上方會一排「總熱量目標 - 食物熱量 + 運動熱量 = ＿＿＿＿＿＿」的公式，因為手機會自己連動帶入運動熱量，結果就是把運動消耗的熱量全部又吃進去了！難怪瘦不下來！

● 走上正確且健康的減重之路後，蘭卡終於認識什麼叫做有效運動。

　　遇到問題提出、或看看別人分享的經驗，都可以幫助自己去找到一些沒發現過的盲點，發現問題→修正調整→觀察成效，然後內化成為自己的經驗。蘭卡說，幸好她及時發現錯誤，重新修正後再出發，減重的過程好像就不再卡卡了。

瘦是一種健康的生活態度

　　大家都說七分靠飲食三分靠運動，甚至自己動手準備健康的食物，會幫自己的減重之路走得更順利。但蘭卡很坦白說，要她自己帶便當還是有難度，所以她換個方式，調整成早餐吃麥片＋無糖豆漿，午餐在公司團膳間選擇自己能吃的，晚餐夾自助餐搭配，肉類吃不夠就會去全聯買即食雞胸肉、開罐頭、真的不夠就再喝乳清蛋白輔助。說實話，懂得選擇，外食也可以吃得很健康！

● 學會辨認自己吃進去的食物後，不論是外食或公司團膳，蘭卡都可以吃得很健康。

　　除此之外，她盡量不在餐與餐之間吃零食，遇到同事送伴手禮就收下後轉送朋友。雖然她仍愛烘焙，但是成品只淺嚐一口，就想辦法分享給其他人。另外，她也在出國吃大餐跟各種聚餐的機會中，學習另一種怎麼吃的技巧。

　　漸漸地，蘭卡的體重開始穩定下降，瘦到 52 公斤，她的同

事和長輩也發現她看起來沒有以前那麼腫、變瘦了,這時她才終於覺得,習慣的調整與捨棄都值得了!

　　「不想面對的人,永遠都會找藉口把自己的肥胖合理化!」蘭卡說,老是把變胖推給體質、推給多囊、都是 they 的錯,然後自己持續著不健康的飲食型態、永遠說自己沒時間運動,真的是很輕鬆但只能繼續胖下去!

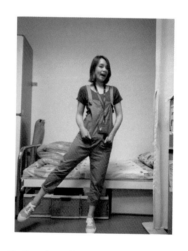

● 52 公斤的蘭卡,相信瘦下來只是個開始,她會繼續維持健康的生活態度。

　　從認識食物的組成與營養素的角度吃東西開始,現在回想起來,蘭卡認為對她來說:減肥將不再只是階段性的任務,而是真實地面對自己,並且調整健康飲食習慣的一種生活態度。

本書參考文獻

1. 2015臺灣慢性腎臟病臨床診療指引－慢性腎臟病預防與治療（非藥物類）第六章第二節
2. 台灣衛生福利部（十大死因） https://dep.mohw.gov.tw/dos/np-1776-113.html
3. 衛生福利部食品藥物管理署－食品藥物消費者專區－整合查詢服務－特定疾病配方食品
4. AACE, ACE, AE-PCOS: guide to the best practices in the evaluation and treatment of polycystic ovary syndrome. Endocr Pract. 2015 Nov;21(11):1291-300
5. Alternate-day versus daily energy restriction diets: which is more effective for weight loss? A systematic review and meta-analysis. Obes Sci Pract. 2016 Sep;2(3):293-302.
6. Dietary Protein Intake and Human Health. Food Funct. 2016 Mar;7(3):1251-65
7. Effects of Intermittent Fasting on Health, Aging, and Disease. N Engl J Med. 2019 Dec 26;381(26):2541-2551.
8. Effects of Time-Restricted Eating on Weight Loss and Other Metabolic Parameters in Women and Men With Overweight and Obesity: The TREAT Randomized Clinical Trial. JAMA Intern Med. 2020 Nov 1;180(11):1491-1499.
9. Evolutionary origins of polycystic ovary syndrome: An environmental mismatch disorder. Evol Med Public Health. 2019 Mar 26;2019(1):50-63
10. Mechanisms for insulin resistance: common threads and missing links. Cell. 2012 Mar 2;148(5):852-71
11. Molecular mechanisms of insulin resistance in humans and their potential links with mitochondrial dysfunction. Diabetes. 2006 Dec;55 Suppl 2(Suppl 2):S9-S15.
12. The Metabolic Syndrome | Harrison's Principles of Internal Medicine
13. The role of protein in weight loss and maintenance. Am J Clin Nutr. 2015; 101(Suppl):1320S–9S

附錄：蔡醫師評肉品油脂

◆ 牛肉 ◆

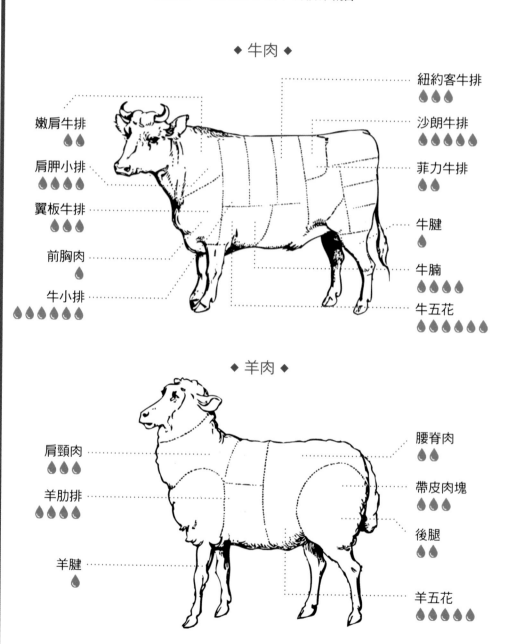

紐約客牛排

沙朗牛排

菲力牛排

牛腱

牛腩

牛五花

嫩肩牛排

肩胛小排

翼板牛排

前胸肉

牛小排

◆ 羊肉 ◆

肩頸肉

羊肋排

羊腱

腰脊肉

帶皮肉塊

後腿

羊五花

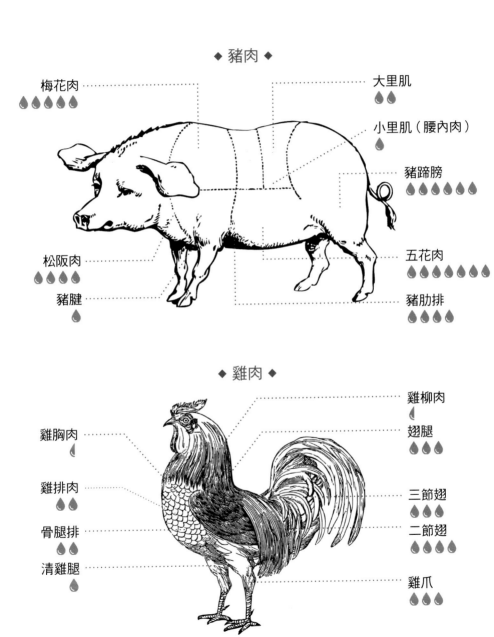

◆ 豬肉 ◆

梅花肉

大里肌

小里肌（腰內肉）

豬蹄膀

松阪肉

豬腱

五花肉

豬肋排

◆ 雞肉 ◆

雞柳肉

翅腿

雞胸肉

三節翅

雞排肉

二節翅

骨腿排

清雞腿

雞爪

Since 1978~
MIN YUEN RUBBER
STRETCHING BEYOND ELASTICITY

MYLALA

隨時隨地保護

明源橡膠

是您最佳「創新」和
「負責」的供應商夥伴

明源橡膠成立至今已逾40年,位於亞太區台灣台中港,為世界領先的橡膠彈性輔料製造商之一,擁有業界先進自動化設備與研發能力,深受國際上知名品牌顧客的信賴與肯定。我們供應一系列高品質與客製化的產品,應用在紡織品與成衣、醫療用品、工業與居家用品、運動用品、食品級包材等。

天然橡膠 護腰帶
Natural Rubber Waist Support

NO.1

Premium Quality Textured Surface
特殊布紋創新設計

穿脫方便,有卓越的拉伸力
能堅牢的支撐腰椎與骨盆

LATEX FREE

運動用壓紋彈力帶 Textured Surface Exercise Band

- 非乳膠, 不含蛋白質過敏原
- 非TPE / TPR, 延展彈性佳, 回復性佳
- 表面特殊布紋設計, 好抓握, 不易滑脫
- 表面無滑石粉, 不引起粉塵過敏
- 先進配方及製程, 無臭味, 不黏手

LATEX FREE

彈力圈 Loop Band

No sticky, no stinky, no slippery and no latex allergy

明源橡膠工業股份有限公司 📞 +886 4-26391832 🌐 www.rubbertape.com.tw

Official Site   Mylala

每份含有
26g
蛋白質

MARS
100% WHEY PROTEIN

MARS
100% WHEY PROTEIN HYDROLYSATE
PROTEIN
26g

MARS
100% WHEY PROTEIN HYDROLYSATE
PROTEIN
26g

MARS
100% WHEY PROTEIN HYDROLYSATE
PROTEIN
26g

MARS

台灣NO.1
乳清品牌

補充蛋白質首選 最強的調味魔術師

◉ 高寶書版集團
gobooks.com.tw

HD 137
搞懂內分泌，練成你的易瘦體質
不節食、不斷醣、不生酮、不吃藥、不需要制式菜單，打造這輩子都胖不了的瘦身術！

作　　者	蔡明劼
主　　編	楊雅筑
封面設計	黃馨儀
封面攝影	陳向詠
內頁排版	賴姵均
企　　劃	方慧娟

發 行 人	朱凱蕾
出　　版	英屬維京群島商高寶國際有限公司台灣分公司
	Global Group Holdings, Ltd.
地　　址	台北市內湖區洲子街88號3樓
網　　址	gobooks.com.tw
電　　話	（02）27992788
電　　郵	readers@gobooks.com.tw（讀者服務部）
傳　　真	出版部（02）27990909　行銷部（02）27993088
郵政劃撥	19394552
戶　　名	英屬維京群島商高寶國際有限公司台灣分公司
發　　行	英屬維京群島商高寶國際有限公司台灣分公司
初版日期	2021年07月

國家圖書館出版品預行編目（CIP）資料

搞懂內分泌,練成你的易瘦體質：不節食、不斷醣、不生
酮、不吃藥、不需要制式菜單,打造這輩子都胖不了的瘦
身術!/蔡明劼著. -- 初版. -- 臺北市：英屬維京群島商高寶
國際有限公司臺灣分公司, 2021.07
　　面；　公分. --（HD 137）

1.內分泌學　2.內分泌系統　3.減重

ISBN 978-986-506-173-9（平裝）
398.6　　　　　　　　　　　　　　110009680